PETIT TRAITÉ

D'HISTOIRE NATURELLE.

DEUXIÈME PARTIE.

L'HOMME

EXPLIQUÉ CHRÉTIENNEMENT.

PETIT TRAITÉ

D'HISTOIRE NATURELLE

A L'USAGE

DES ÉLÈVES DES PETITS SÉMINAIRES,

Par l'Abbé Raboisson,

PROFESSEUR DE MATHÉMATIQUES ET DE PHYSIQUE
AU COLLÉGE DE FELLETIN,

USSEL,

IMPRIMERIE DE B. FAURE,

1840.

PHYSIOLOGIE DE L'HOMME.

DEUXIÈME PARTIE.

RÉFLEXIONS. TRINITÉ, CRÉATION, DÉLUGE.

MA MÉTHODE.

La première partie de cet ouvrage a été assez bien accueillie, je remercie beaucoup les lecteurs bienveillants ; il est certain qu'on a besoin d'être encouragé ; Dieu et la conscience nous dédommagent toujours de notre bon vouloir ; mais, il faut l'avouer, la critique comprime les généreux élans, tue l'enthousiasme, surtout lorsqu'elle est, comme il arrive souvent, exigeante outre mesure, ou faite par des hommes peu compétents, et qui devraient bien ne pas oublier le *ne sutor ultrà crepidam.* Nous avons tous nos humaines faiblesses, les critiques comme les autres, mais il est plus facile de faire un feuilleton qu'un livre : « Donnez-moi le meilleur ouvrage du monde, disait, je ne sais plus qui, et je vais faire pendre son auteur. » J'ai voulu, bon gré mal gré, faire un je ne sais quoi, et voilà que je me suis convaincu qu'il n'était pas aisé même de faire peu de chose. Les uns ont trouvé l'ouvrage mal digéré ; ceux-là ont dit, en plaisantant, que c'était un squelette ; d'autres que c'était de vieux bois mal joints ; enfin, vaille que vaille, j'ai fait ce que j'ai pu, fasse mieux qui le pourra et j'applaudirai de grand cœur. J'avertis, encore une fois, que ce n'est qu'une compilation ; je ne l'avais peut-être pas déclaré assez expressément d'abord. Eh bien, qu'aujourd'hui personne ne s'y méprenne, c'est une compilation. Telle qu'elle, elle est du moins consciencieuse, c'est l'expression de ma foi et de ma pensée. Puisse-t-elle être utile aux jeunes gens à qui je l'offre ! Puisse-t-elle les maintenir dans la vraie religion, hors de laquelle il n'y a qu'incertitude, qu'erreurs, peines et crimes ! Il le savait bien celui-là qui disait : « Venez, vous qui souffrez, et j'allégerai vos maux. » Les hommes sont esclaves ; on a beau se dire libre, oui l'homme est esclave, des éléments, des autres hommes ou de soi-même ; or la religion seule brise nos fers. Seule elle fait les hommes grands. Qu'Alexandre enchaîne, foule aux pieds, écrase et tue, peu m'importe cela, il fallait tuer ses mauvais penchants : voilà le grand, le beau, le sublime. J'admire le soldat qui se fait empereur, je le suis sur le champ d'honneur ; je m'enthousiasme avec ses guerriers qui, sans pain, sans chaussure, courent de victoires en victoires ; mais je l'entends s'écrier : Soldats, vous avez été dignes de vous et de moi ! Et tout-à-coup il plie sous le poids de son orgueil indompté : soldats, il vous aurait fallu un chef religieux, et vous eussiez été invincibles. Le Dieu des chrétiens est aussi le Dieu des batailles; il tient, dirige l'épée des guerriers, modère le combattant, relève les vaincus, humanise les vainqueurs, puis il les rend tous frères. L'Évangile est d'ailleurs le code de la liberté, son expression la plus large. Voyez plutôt son apparition dans le monde; il avait été dit : En ce temps-là, le rejeton de Jessé sera exposé devant le peuple comme un étendard; les nations viendront lui offrir leurs prières et son sépulcre sera glorieux (Isaï, chap. 9). Entendez le cri du juif qui attend quelque chose et quelqu'un, et non-seulement en Judée, mais à Rome; mais dans la Grèce on attend celui qui devait venir. Or, voici un homme envoyé de Dieu, Dieu lui-même, par lui tout a été fait; Dieu de Dieu, lumière de lumière, engendré de toute éternité; il a une nature divine et une nature humaine, en une personne, celle du Fils de Dieu; il est un avec son Père et l'Esprit qui procède des deux. Une seule nature, la nature divine les unit en trois personnes existantes, la personne du Père, celle du Fils, celle du Saint-Esprit. Le Père est de toute éternité, le Fils procède éternellement du Père, comme son intelligence; le Saint-Esprit procède éternellement du Père et du Fils, comme leur amour mutuel, de même substance que l'un et l'autre.

Or, le monde n'était pas, Dieu rayonnait seul sur le trône de ses perfections, il se réfléchissait dans son Verbe par la connaissance parfaite de son être, et ainsi il engendrait un autre soi-même qui était son Verbe incréé, immense, éternel; il s'aimait souverainement dans son Fils qui, à son tour, aimait souverainement son Père, et de cet amour mutuel procédait éternellement l'Esprit incréé, immense, éternel. Ils étaient comme un Océan immobile, immense, infini, et dans cet Océan, trois Océan : un Océan de force, un Océan de lumière, un Océan de vie; et ces trois Océan, se pénétrant l'un l'autre sans se confondre, ne formaient qu'un même Océan, qu'une même unité indivisible, absolue, éternelle; et cette unité était celui qui est, au fond de son être, un nœud ineffable, liait entre elles trois personnes, dont le nom était le Père, le Fils et le Saint-Esprit; or, le Père, le Fils et le Saint-Esprit sont celui qui est. Le Père est la puissance infinie, au dedans de l'Être infini, un avec elle, n'ayant qu'un seul acte, permanent, complet, illimité, qui est l'Être infini lui-même. Le Fils est la parole permanente, complète, illimitée, qui dit ce qu'opère la puissance du Père, ce qu'il est, ce qu'est l'Être infini. L'Esprit nous apparaît comme l'amour, l'effusion, l'aspiration mutuelle du Père et du Fils, les animant d'une vie commune, d'une vie permanente, complète, illimitée, l'Être infini.

Ces trois sont un, ils sont Dieu, ils s'unissent dans l'impénétrable sanctuaire de la substance une. Dans les profondeurs de cet infini se dilatait éternellement la création.... Elle était de toute éternité dans la pensée divine; Dieu réalise sa pensée, et voilà le monde. Ainsi, possibilité de la création : *Dieu est tout puissant*, donc il peut créer; il manifeste sa pensée éternelle; il crée par son Verbe, *réalité de la création :* et les êtres s'enchaînent aux êtres; ils se produisent, se développent dans leur variété innombrable, s'abreuvent, se nourrissent d'une sève qui jamais ne s'épuise, de la force, de la lumière, et de la vie de celui qui est. Dieu, principe de toutes choses, un avec le Fils et le Saint-Esprit. Les mondes existent à part, la matière créée de rien par le Verbe; elle a commencé, elle ne sera pas toujours. Comment Dieu a-t-il créé? et pourquoi a-t-il créé? Il a créé, parce qu'il a voulu *créer*. Je conçois donc qu'il l'a pu, qu'il l'a fait, le reste est pour moi une page indéchiffrable; d'ailleurs je lis, dans le ciel, les étoiles, le soleil, la lune, la terre et les mers, les îles, les continents, les plantes, les animaux et l'homme, que Dieu seul est grand, que Dieu seul est puissant, que Dieu seul est aimable. Dans le principe Dieu créa le ciel et la terre, et l'esprit de Dieu reposait sur les eaux. Il y en eut qui, par cet esprit, entendirent l'air que nous respirons; pour nous, d'accord avec les saints et les fidèles, nous entendons l'Esprit-Saint, en sorte que l'opération de la Trinité se manifeste dans la création. Après avoir énoncé que Dieu fit le ciel et la terre *dans le principe*, c'est-à-dire dans le Christ, il restait la plénitude de l'opération dans l'esprit, selon ce qui est écrit : Les cieux ont été affermis par le verbe du Seigneur, et leur armée par l'esprit de sa bouche. L'esprit de Dieu était donc porté sur les eaux, parce qu'elles devaient produire par

lui les semences des nouvelles créatures. Et
l'esprit de Dieu fomentait les eaux, c'est-à-
dire les vivifiait pour les transformer en créature nouvelle, et, par sa chaleur, les animer
à la vie : voilà comme parle saint Ambroise.
D'après cela, tout ce qu'il y a de vie, de beauté,
de perfection dans l'univers, vient de cette
opération mystérieuse de l'esprit de Dieu reposant sur les eaux primitives, ou la masse
liquide dont devait éclore le monde. La création est un acte libre ; quelques philosophes
ont avancé que Dieu n'était pas libre de ne
pas créer, qu'il a créé de toute éternité, que
la création n'est pas seulement possible, mais
qu'elle est nécessaire. Erreur grave que Fénélon qualifie d'impiété monstrueuse. En effet,
qu'on approfondisse ce défaut de liberté dans
le Créateur, et l'on verra qu'il en résulte le
cahos, l'éternité de la matière, le panthéisme
et toutes les erreurs. De toute éternité, dit
Bossuet, et avant le commencement, il n'y

avait rien que Dieu même; tout le reste n'é-
tait pas, il n'y avait ni temps ni lieu, puisque le temps et le lieu sont quelque chose;
il n'y avait qu'une pure possibilité de la création, et cette possibilité ne subsistait que dans
la toute-puissance divine. Ne disons donc pas
que le monde est sans bornes, ni qu'il est
indéfini; il est fini, puisqu'il est créé; il est
fini, puisqu'il est matériel, et que la matière
est susceptible d'augmentation ou de diminution, tandis que l'infini est nécessairement
immuable, et par conséquent indivisible et
simple. Dieu seul esprit pur est infini; or il
crée en six jours, ou six époques, comme
l'on voudra : le premier jour il fit la lumière;
le deuxième jour il fit les eaux; le troisième
jour les continents et les végétaux; le qua-
trième les astres; le cinquième les animaux;
le sixième apparaît l'homme, brillant de
splendeur, fait à l'image et à la ressemblance
de Dieu même. Le Créateur souffle sur l'ar-

gile qu'il a façonnée et lui inspire l'esprit de vie. Qu'est-ce que cet esprit de vie? un être immatériel, simple, indivisible, distinct de Dieu, créé pour régir les corps, activité qui doit se manifester par un instrument charnel, le corps. Cet esprit n'est pas Dieu, ni une portion de Dieu, il est une substance à part créée de Dieu pour être uni au corps qu'il doit régir. Le souffle de Dieu n'est ni Dieu lui-même, ni une portion de Dieu. L'écriture, en disant que Dieu souffla sur l'homme, énonce seulement le moyen dont Dieu se serait servi pour créer l'âme.

Les jours de Moïse sont-ils des jours ou des époques? Saint Augustin avait d'abord pensé que ces jours étaient purement allégoriques, et que le monde avait été créé dans un instant. Des écrivains respectables adoptent aujourd'hui l'opinion des géologues qui pensent que les jours de Moïse sont de grandes époques. L'interprétation la plus générale est celle de ceux qui pensent que les six jours commencent à la création de la lumière et se succèdent de 24 heures en 24 heures, ou que Dieu crée en six jours qui sont de véritables jours. Quelle que soit l'opinion que l'on adopte, on ne sera pas hors de la foi. Il est un autre système qui paraît être celui de Bossuet (voyez élévations) : Dieu aurait fait d'abord, *au commencement*, mais dans une espèce de confusion, le ciel, la terre, l'air et les eaux, qui étaient le fond de son ouvrage et sur lequel il devait travailler durant six jours, pour y mettre l'ordre et lui donner la perfection qu'il avait jugée convenable. Quoiqu'il en soit, je présume que les géologues trouveraient là toute la latitude désirable pour leurs précipitations chimiques, ou pour condenser leurs *nébuleuses* et encroûter leurs soleils. L'homme fut créé dans l'innocence, il vivait heureux dans les jardins d'Eden; roi du monde, il régnait sur la terre; le lion, en s'inclinant, venait lui demander le nom qu'il aurait au désert. Une voix se fait entendre : *Qui est semblable à Dieu ?* l'homme est devenu coupable, le voilà dégradé, il mourra de mort; au lieu de la liberté qu'il voulait, il aura l'esclavage, il dormira dans les fers. Mais, silence, le Christ est à la droite de son Père, rayonnant d'une gloire immortelle; une goutte de son sang tombera sur la nature languissante et malade, et nous la verrons se transfigurer, et toutes les créatures palpiteront d'une vie nouvelle et se réjouiront dans celui qui a détruit le mal et vaincu la mort : l'homme aura été régénéré. Le christianisme doit être grand comme le monde, il doit être catholique, il est un, traditionnel, consciencieux de sa force, c'est celle de Dieu. Il protége la liberté des peuples, adoucit leurs souffrances, proclame la charité fraternelle, détruit les castes, ne fait nulle distinction du Grec et du Romain, de l'*européen* et du *nègre ;* tous sont frères en Jésus-Christ. Je ne presserai pas davantage les conséquences, encore quelque temps, et nous verrons;... ajoutons pourtant, pour prévenir l'erreur, que nous n'attendons pas une régénération, ni un progrès dans le catholicisme, il est ce qu'il doit être et sera toujours ce qu'il est. Il ne promet pas non plus un bonheur chimérique rêvé sur cette terre par quelques utopistes, non, à nous notre vraie patrie est au ciel, mais dès ici-bas il nous console, il nous donne la paix, l'amour, puis l'espérance. Oh! si les hommes, fatigués des efforts impuissants des systèmes du jour, se donnaient la peine de lire les fragments que nous ont laissés et Mathieu, et Marc, et Luc, et Jean, ils en ressentiraient, à coup sûr, de douces, de saintes, de délectables émotions. Dans l'Évangile on trouve une forte et simple pâture; c'est la littérature du peuple écrite avec la foi de Dieu; il a la simplicité de l'enfance, les profondeurs du mystère et de la pensée, la tristesse du pauvre, les joies ineffables du croyant, la douleur et l'espérance, saintes joies des premiers chrétiens!

Illuminations vives, réceptions délicieuses de la lumière divine, non, jamais le cœur de l'homme ne fut remué plus fortement par un livre et par la lettre qui figure l'esprit. On a beau parler de liberté, d'affranchissement, d'amélioration des classes pauvres, tout est là, et il n'est que là; demandez plutôt à Fénélon, à Vincent de Paul. On est forcé d'en convenir : s'il s'est fait, depuis que le monde est monde, quelques améliorations pour les souffrants, elles sont dues à des hommes religieux, à des hommes au cœur droit, à l'âme de feu, et qui ne voyaient que le ciel. Ne me parlez pas des philanthropes, ils ne donnent que d'une main parcimonieuse et ne font rien de grand, tout en eux et dans leurs élucubrations est marqué au coin de l'égoïsme. Et nos libéraux, qu'ont-ils fait? que font-ils? du progrès à reculons. Non, ils n'entendent rien au progrès véritable; on les croit positifs, ils ne sont que bornés. Il leur manque une chose, une seule chose, et cette chose est tout : *le dévouement ;* or, le dévouement ne se puise que dans la religion, sans elle les plus beaux systèmes ne se présentent que comme un terrible moyen de destruction. En outre, ont-ils un système tant bien que mal? un système propre à servir tous les grands intérêts du pays? Eh bien, ils se sont mis à l'œuvre; niaisement on leur a applaudi, qu'ont-ils fait? d'abord ils se sont *casés ,* puis ils disent que tout est bien, tandis qu'au contraire, dans un certain rapport, tout est mal. On a proclamé la liberté, l'égalité et la fraternité humaine, et l'inégalité est partout; partout le frère a rivé au pied de son frère la chaîne de l'esclavage; mais qu'importe à ceux qui font les lois, à ceux qui les appliquent? La maxime générale d'égalité n'est qu'une vaine fiction imaginée pour satisfaire, je veux dire, pour tromper la conscience publique; aussi les lois faites par les hommes de privilége ont pour but leur intérêt à eux avant tout, au détriment de l'intérêt du peuple, de l'intérêt presque universel. Il ne peut en être autrement dans une société sans Dieu, sans religion; et, en effet, dans tous les hommes positifs que trouve-t-on? la négation de l'Être; or, là il n'y a ni droit ni devoir, donc l'esclavage, le malaise général. Donc, hors de la religion, point de salut possible, ni pour les peuples, ni pour les souverains. Mais vienne le jour où tous les hommes seront unis dans le Christ; alors, n'ayez pas peur, l'ordre sera bientôt rétabli. Prêtres, mettons-nous à l'œuvre, il est toujours beau de travailler au bonheur de ses frères, dût-on recueillir l'opprobre et l'ignominie. N'est-ce donc rien que l'espérance? Et qu'est-ce que la mort en face du ciel? Nous ne soutiendrons pas les partis, non, notre cause à nous c'est le bonheur de l'humanité tout entière; citoyens de monde, nous aimerons notre pays, mais le ciel d'abord ; laissant loin ce qui est éphémère et transitoire, nous soutiendrons les principes qui sont de tous les temps, et qui constituent la moralité humaine, avant comme après les révolutions. Donc pas d'esprit de parti, prêtres du Très-Haut, faisons des citoyens pour le ciel, et le reste viendra par surcroît : voilà notre progrès.

Pour peu que l'on médite sur les principes posés dans ces réflexions, on y trouvera la cause et l'effet de tout, la solution la plus générale de tous les problèmes humains, la clef des systèmes philosophiques, et la réfutation viendra, pour ainsi dire, d'elle-même. Les hommes ont nié la vérité, l'*Etre*, et ils se sont évanouis dans leurs pensées, et

voilà que tout est devenu mystère, contradiction dans leurs écoles. Ainsi donc pour
réduire tous les systèmes trompeurs à leur
juste valeur, il suffit de les rapporter tous au
catholicisme, de représenter par des chiffres
les diverses solutions de part et d'autre, et
l'on verra que les réponses du catholicisme
sont toutes exprimées par des valeurs posi-
tives, tandis que celles données en dehors de
lui sont des quantités négatives ou imaginai-
res, et quelquefois absurdes.

Dans ma première partie, j'avais annoncé
quelques développements sur le panthéisme ;
cette question a été traitée à fond par l'abbé
Maret. Il a considéré cette erreur sous toutes
les faces, bien mieux que je n'aurais pu le
faire ; je renvoie donc à son livre qui du reste
est déjà connu de tout le monde : « Le panthéisme, dit-il, autant qu'on peut empri-
sonner ce système vague, indécis, dans une
formule précise et déterminée, c'est la con-

fusion de la créature avec le Créateur, la divinisation de tout ce qui n'est pas Dieu; c'est la personnalité divine détruite par un système qui prétend l'élargir, la réalité créée également détruite par un système qui prétend la diviniser. Tout est en Dieu, Dieu est en tout; tout est Dieu, Dieu est tout; Dieu se fait tout, tout se fait Dieu : c'est-à-dire Dieu n'a pas une vie qui lui soit propre, une intelligence séparée des œuvres où elle se manifeste, une personnalité distincte de toute éternité immuable, infinie; c'est-à-dire que le fini ou le créé est le développement de l'infini, et que la vie de l'humanité et le mouvement de la nature sont la vie de Dieu. » Ce système est dominant de nos jours, il n'est pourtant pas nouveau; c'est une planche pourrie échappée aux flots du temps, il sort de l'Inde cette antique mère de l'erreur. Voici ce qu'écrivait Malebranche contre les panthéistes de son temps : « Quoiqu'il y ait peu d'extravagances dont les hommes ne soient capables, je croirais volontiers que ceux qui produisent de semblables chimères n'en sont guère persuadés. Car enfin l'auteur qui a renouvelé cette impiété, convient que Dieu est l'être infiniment parfait. Et, cela étant, comment aurait-il pu croire que tous les êtres créés ne sont que des parties ou des modifications de la divinité? Est-ce une perfection que d'être injuste dans ses parties, malheureux dans ses modifications, ignorant, insensé, impie? Il y a plus de pécheurs que de gens de bien, plus d'idolâtres que de fidèles : quel désordre, quel combat entre la divinité et ses parties! quel monstre, quelle épouvantable chimère! Un Dieu nécessairement haï, blasphémé, méprisé, ou du moins ignoré par la meilleure partie de ce qu'il est : car, combien de gens s'avisent de reconnaître une pareille divinité? Un Dieu nécessairement malheureux ou insensible dans un plus grand nombre de ses parties ou de ses modifications ; un Dieu se punissant ou se vengeant de soi-même ; en un mot, un être infiniment parfait, composé néanmoins de tous les désordres de l'univers ! » Je renonce aussi à la question du déluge ; autrefois les philosophes ne pouvaient en concevoir un, *un seul ;* ils ne savaient où prendre tant d'eau, et encore toutes les lois de la mécanique étaient interverties ; *ils ne concevaient pas ;* mais de ce qu'ils ne pouvaient concevoir, je ne vois pas qu'il s'en suivît logiquement la non-existence du déluge. Cependant attendez un peu et les géologues viendront vous dire que non-seulement il y eut un déluge, mais encore plusieurs, et un entre autres qui aurait tout ruiné de fond en comble ; il est empreint partout, disent-ils. Je sais bien que le déluge des géologues n'est pas celui de Moïse, il lui est antérieur ; moi, qui ignore là dessus ce qui en est, je m'en tiens au récit de la Genèse, et me contente du déluge de Moïse. Du reste, ceux qui prétendaient qu'il n'y en avait jamais eu doivent être embarrassés, puisqu'au lieu d'un, on leur en trouve tant qu'ils en veulent.

La théorie du feu central autrefois me paraissait résoudre quelques difficultés, j'ai changé d'avis à cet égard et je n'admets plus de chaleur centrale. Il y a pourtant une certaine chaleur dans l'intérieur de la terre; et voici comment l'explique M. Poisson : elle provient de ce que notre planète a traversé des régions d'une température élevée, où elle s'est échauffée jusqu'à une certaine pofondeur. La chaleur des parties superficielles est à peu près dissipée, mais il reste celle des couches profondes. Dans cette manière de voir, une période de quelques centaines de siècles suffit pour expliquer les changements de température démontrés par la géologie et l'histoire naturelle fossile. Dans l'ancienne hypothèse de la chaleur centrale, il faudrait remonter à des millions de millions d'années pour trouver, dans les régions septentrionales, une température convenable à certains êtres organisés qu'on sait y avoir vécu. Ampère n'admettait pas non plus l'hypothèse de la chaleur centrale, seulement il supposait qu'une couche du globe peu épaisse et peu éloignée de la surface était le siége d'actions chimiques, du genre de celles qui produisent les volcans; c'est ainsi qu'il explique l'accroissement de la température avec la profondeur.

L'homme tombé possède des moyens pour arriver à la vérité; quelle voie doit-il suivre? Quelle lumière l'éclairera dans cette recherche importante? Deux voies se présentent : la voie d'*examen* et la voie d'autorité. Une double lumière le guide : la raison et la foi. La raison est cette lumière qui nous a été donnée pour nous conduire; la foi est une vertu que Dieu donne aussi pour arrêter l'erreur, bannir l'incertitude; point d'appui, pivot sur lequel tourne le monde intellectuel et moral; on croit, on aime, on espère et l'on vit : voilà la foi. Ainsi la raison conduit à la foi; la foi supplée à l'insuffisance de la raison. La raison ou la lumière naturelle donne la certitude des vérités qu'elle fait découvrir; la foi ou la lumière surnaturelle conduit plus loin que la raison, elle mène jusqu'aux limites que la souveraine sagesse a posées en ce monde à l'intelligence humaine. A l'aide de ces deux flambeaux, l'esprit marche avec assurance à la recherche de la vérité. Tels sont les principes sur lesquels je me suis appuyé dans cet ouvrage; quand j'ai pu marcher avec la raison, je l'ai fait; quand il m'a fallu, pour résoudre les problèmes humains, invoquer la foi, je l'ai appelée à mon secours, persuadé que, de cette sorte, je ne pouvais faire fausse route : d'après cela, on voit la méthode que j'ai suivie. L'unité de Dieu, l'immortalité de l'âme, la divinité de Jésus - Christ, l'égalité des hommes entre eux, tels ont été les points principaux que je n'ai jamais perdus de vue : puis, j'ai étudié l'homme, non d'une manière abstraite, ou, pour mieux m'expliquer, non l'homme abstractivement considéré, mais l'homme complet, corps et âme, le tempérament comme le caractère, les nerfs et le sang, comme les idées et le génie. Autant que je l'ai pu, j'ai évité les puérilités laborieuses de la scolastique, pour étudier la vie dont l'énergie et les richesses deviennent un magnifique témoignage de l'âme et de notre Dieu. Mon style, j'en suis sûr, ne plaira guère. J'avoue ingénûment que si j'avais pu écrire comme Bossuet et Fénélon, je ne m'y serais pas manqué ; mais enfin j'espère trouver grâce devant tous les *bons* lecteurs ; ils verront bien que ce n'est pas ma faute. D'ailleurs j'ai fait ce que j'ai pu pour m'éloigner des formes du jour, de cette phraséologie stérile qui est de mode, qui flatte l'oreille, plutôt qu'elle ne satisfait l'esprit. C'est de l'harmonie, de la sensiblerie, mais rien de plus. Ce n'est pas ainsi qu'écrivaient Pascal et de Maistre ; ils ne cachaient pas sous des mots plus ou moins bien agencés la force de leurs arguments ; on ne se déguise que lorsqu'on veut séduire ou tromper, or je n'avais aucun intérêt à le faire.

LE PROGRÈS.

Le progrès réel a pour condition d'opérer simultanément l'amélioration du sort de toutes les classes de la société, d'élever celles qui occupent des degrés inférieurs sans abaisser celles dont les positions sont plus hautes, d'universaliser enfin les avantages sociaux en les multipliant, et non d'arracher les avantages que les uns possèdent, dans le but de les distribuer à d'autres : or, l'expression sociale de ce principe se trouve dans l'esprit d'amour et d'unité qui est la base de l'Evangile ; donc, le vrai progrès, non ce progrès indéfini, cette perfectibilité chimérique rêvée par quelques utopistes, mais le progrès que comporte la nature de l'homme régénéré par le Christ, ce progrès qui est l'apanage de ceux qui vont de vertus en vertus, se trouve dans la religion. De nos jours, on ne peut pas en disconvenir, ceux qui parlent aux peuples, ceux qui endoctrinent les nations, méconnaissent l'Homme-Dieu, le *Verbe ;* si donc, comme je n'en doute pas, le progrès n'est réalisable que par la religion catholique, je prononce hardiment que l'action de leurs paroles sur la société est malfaisante ; que, loin d'être les hommes du progrès, comme ils le font croire et comme ils le croient eux-mêmes, ils nuisent, autant qu'il est en eux, à la cause de l'humanité, égarent les intelligences et préparent des malheurs. En effet, où sont les moyens d'effectuer le progrès? Ce n'est pas de bel esprit qu'on a besoin, c'est du génie inventif qu'il nous faudrait. Or, il est de fait que cet esprit libéral, auquel nous avons eu la bonhomie de croire pendant un temps, est resté stérile sur tous les grands problèmes d'améliorations sociales. Qu'a-t-il enfanté? des phrases, des discours, pas une idée neuve. On dirait que la fortune lasse de l'impéritie, lasse de la stérilité des hommes-pouvoirs, se plaît à les molester pour les amener à résipiscence. On ne raisonne que de garanties, et on ne peut en établir aucune : elles sont nombreuses en paroles et nulles en réalité, nulles sur le travail qu'on ne peut assurer au peuple, nulles sur les libertés politiques, toujours sacrifiées aux intrigues, nulles sur la vérité dont on s'éloigne le plus. On serait tenté de dire que le mal seul est en progrès. Le fruit de nos belles théories d'économie politique, sur le capital, le travail et le talent, a été pour le peuple un patrimoine de haillons, de bagnes et de gibets. Il n'y a de bien-être que pour la classe cousue d'or ; quant au pauvre, il ne lui reste qu'une garantie, celle d'être pendu s'il vole un chou, car le jury est sévère ; il est vrai pourtant qu'un fournisseur pourra, dans le même temps, voler impunément 76 millions à l'Etat. Y a-t-il progrès dans nos écoles? Je n'oserais l'affirmer. Charlemagne eut la haute idée de concentrer l'instruction dans l'étude du grec et du latin ; nos langues nationales manquaient d'expression et de précision, elles ne pouvaient rendre ni la loi, ni le droit, ni les sciences, ni la philosophie, ni la religion. On parlait le latin aux assemblées des clercs et des docteurs, dans le cabinet des rois, dans le sanctuaire de la justice et dans le temple de Dieu. Les institutions scolastiques de ce roi furent une nécessité du temps et un moyen

de civilisation. Le latin était la langue universelle, langue énergique et superbe, elle
portait en elle les grandes pensées de la cité
reine. L'étude des anciens vainquit si bien
notre barbarie, qu'elle ne tarda pas à nous
donner l'Hospital, de Thou, de Harlai, Molé,
des hommes taillés sur le patron antique, et
dont le type ne se retrouve que dans l'histoire d'Athènes et de Rome. A cet enfantement
moral succéda l'enfantement littéraire; l'arbre des langues antiques portait ses fruits dans
les langues modernes; mais les merveilles du
siècle de Louis XIV furent le terme, ou, si
l'on veut, l'apogée des institutions de Karl.
Aujourd'hui l'enseignement scolastique n'est
l'expression d'aucun besoin. Tout ce que les
langues grecques et latines avaient à nous
apprendre, elles nous l'ont appris, c'est un
trésor épuisé, par conséquent elles ne sauraient être le fondement de notre éducation;
celle-là, pour être utile, doit participer des

progrès de l'humanité. Il y a long-temps que l'idée cherche à se faire jour et à briser son enveloppe. Sous Louis XV, M. de la Chalotais déclarait hautement que l'instruction des colléges était au-dessous du siècle, et alors Rousseau remuait l'Europe. On sentait que les thèmes, les amplifications, la prosodie, ne donnaient ni état, ni vertus ; et cependant l'arbre antique est resté debout sur le sol, il voit encore l'enfance joyeuse se rassembler sous ses rameaux. Eh bien ! je le demande, à quoi bon cette rhétorique qui mécanise le style, cette logique qui mécanise la pensée, quelle éloquence est jamais sortie des tropes de Dumarsais ? Au lieu d'enseigner ce qui doit un jour occuper l'homme dans le monde, au lieu de féconder une âme, de faire des hommes, on organise une machine. A cette instruction trompeuse, on attache les princi-pes, la croyance, la morale du monde qui se civilise. Voyez seulement cette jeunesse

bruyante que chaque année les colléges ver-
sent par torrents, dites, a-t-elle conquis le
bonheur? Et où donc est le Dieu qu'on lui a
appris à prier? L'éducation de l'intelligence
repose sur le nombre des idées acquises;
l'éducation morale sur le résultat des impressions reçues : vienne le temps où l'on se dira :
Que quiconque a la vie, la donne; que quiconque aime, travaille; alors il y aura progrès.
Cela arrivera lorsque nous serons consommés
dans l'unité du Christ; lorsqu'on pourra dire
de la famille, de la nation, de l'humanité,
comme on le disait de Jésus : *Ecce homo,*
voilà l'homme. Alors nous participerons tous
à tout ce qui émeut dans le beau, à tout
ce qui transporte dans la vertu, à tout ce
qui est généreux, à tout ce qui est héroïque,
à tout ce qui est utile, à tout ce qui est vrai,
par l'amour, et l'amour c'est la vie. Or, l'on
est loin, je le sais, de la réalisation de semblables idées. Et que sera-ce encore, si nous

regardons au dehors, il y a bien assurément quelque chose à faire. Quand on voit vingt-deux à vingt-quatre millions de cultivateurs vivant en France dans une détresse passée à l'état chronique, dévorés par l'usure, réduits de jour en jour par le morcellement; quand l'on pense que tous ces hommes qui sont les premiers artisans de la prospérité publique, ne savent guère qu'ils vivent dans un état social régulier, que parce qu'on leur demande régulièrement de l'argent pour le budget et des hommes pour l'armée; quand on pense à toutes les belles facultés, à tous les beaux génies qui sont enfouis dans les rangs de ces classes livrées à l'abrutissement, fruit de la plus grossière ignorance, on ne saurait s'empêcher de reconnaître qu'il y a là quelque chose à faire encore.

Quand on reconnaît que le nombre des prolétaires et des pauvres augmente avec les progrès d'industrialisme actuel; quand on pense

qu'il y a dans nos villes six millions d'hommes vivant au jour le jour d'un salaire incer-
tain; que l'existence de ces malheureux est à
la merci de tous les accidents, de toutes les
variations d'une industrie aveugle; qu'ils ne
tiennent et ne peuvent tenir à rien sous le
soleil; que la race humaine s'abâtardit visi-
blement en eux; que les enfants malingres
de ces populations épuisées sont livrés, dès
le plus bas âge, à la consommation d'une
industrie sans cœur et sans entrailles, qui
dévore autant de matière humaine que de
charbons; quand on pense que ces misères
qui s'accumulent, qui prennent des développements immenses chez nous et chez nos
voisins, menacent la société européenne des
dangers les plus effrayants, on est bien forcé
de dire : Non, il n'y a pas progrès. Quand on
voit la mendicité courir les campagnes, les
grandes routes et encombrer les villes; quand
on examine toutes les déperditions, tous les

vices, tous les crimes, qui, du haut en bas
de l'échelle sociale, sont engendrés par la
concurrence effrénée, que l'économie mo-
derne a mise en honneur et vantée pendant
40 ans comme le moyen du bonheur universel; quand on voit tous ces désordres, toutes
ces dépravations qui font un si triste cortége
à des progrès dont nous sommes trop fiers;
et quand on voit que la société donne à peine
quelque attention aux causes des fléaux qui
la ravagent, de la démoralisation qui la dé-
borde, il est bien permis de s'écrier : Où est
donc le progrès?

Je ne crois pas non plus que ce soit un
progrès d'encombrer les pauvres dans les
maisons de refuge, de les envoyer au bureau de bienfaisance ou de charité, aux
maisons de mendicité, dus à nos philanthropes. Les mendiants les gênaient dans
les rues, troublaient leurs plaisirs; les gue-
nilles ne sont pas belles à voir; il a donc fallu

les reléguer quelque part : aussi on les a jetées dans ces ladreries, dans ces voiries appelées dépôts de mendicité, où l'on va se coucher forcément, comme ceux qui se *couchent,* dit Montaigne, pour *mourir.* Oh ! ce n'était pas ainsi que Vincent de Paul avait résolu le problème ; il savait mieux soulager l'infortune, la relever sans la faire rougir ! aussi, en approchant de ces dépôts, on reconnaît, par tous les sens, le domicile élu de la misère, la vue, l'ouïe, l'odorat, sont blessés à la fois par ce pêle-mêle de mendiants réunis là pour y pourrir ensemble par mesure de charité publique. Là, le front se baisse, la taille s'humilie, l'humanité s'en va ; là, on endosse la livrée de l'indigence, le haillon, et, ce qui est pire, l'infamie du haillon. Là, il n'y a plus d'hommes, il y a des pauvres, c'est-à-dire des êtres comprimés dans toutes leurs facultés, qui ne marchent plus, qui se traînent ; des bipèdes n'ayant plus figure humaine, avec du crin à la tête, de la corne aux pieds et de la boue jusqu'au cœur : le tout dûment numéroté et parqué à la guise du bureau. Eh! les enfants, les pauvres enfants! ils n'ont plus ces têtes blondes et bouclées, ces joues épanouies comme des roses, qui font ressembler les enfants des hommes aux anges; leurs cheveux se sont rendus fauves; leur face s'est recouverte d'un hâle morbide; leurs yeux sont devenus furtifs et menaçants : ainsi s'est dépravée l'œuvre faite à l'image de Dieu ; ainsi s'est commis le crime de l'abrutissement de l'homme. Où donc est le Christ qui lui aussi fut pauvre, qui lui aussi n'avait pas où reposer sa tête. Cependant ayons confiance en Dieu, il nous a conduits trop longtemps et trop loin sur la route du bonheur et de la gloire pour nous abandonner au milieu. Par notre folie et notre mauvaise conduite, nous pouvons, de temps à autre, nous égarer, mais il reste en nous, j'aime à

le croire, assez de bon sens et de vertu pour
que nous rentrions dans le droit chemin,
avant d'être entièrement perdus dans l'abîme.
Dieu qui a tout créé, veut que tout subsiste ;
les lois auxquelles il a assujetti les êtres sont
les lois de la vie et par conséquent de la
durée. Plus donc une nation se conformera à
ces lois divines, plus elle assurera sa conservation ; si tous les membres qui composent
la nation concourent à la même fin, de manière qu'il y ait dans l'Etat unité de pensée
et d'action, plus il y aura de conditions qui
assureront la durée ou la vie de cette nation.

La grandeur consiste à posséder ce qu'il y
a de plus noble, de plus élevé, de plus puissant.

Une nation ne peut se glorifier de ces titres
d'honneur que lorsqu'elle connaît Dieu, et
qu'elle suit ses lois. Les nations chrétiennes
sont héritières des anciennes prérogatives du
peuple de Dieu ; elles jouissent en outre de

l'accomplissement des promesses faites au peuple figuratif. Le Saint-Esprit vit dans le cœur de chacun de ses membres fidèles et lui communique une vie divine, intérieure, spirituelle, éclairée par la vérité, dirigée par la charité. Un peuple composé d'hommes animés par l'esprit divin et dirigés, dans leurs œuvres, par la vérité et la charité, serait un peuple de sages.

Plût à Dieu que les nations chrétiennes et catholiques appréciassent leur noble vocation, et qu'elles y répondissent! Elles réaliseraient les caractères de la perfection par lesquels saint Pierre décrit le peuple de Dieu : elles seraient des nations saintes, formeraient un peuple de rois. Ces nations, dans la suite de leur progrès, marcheraient de lumière en lumière, de vertu en vertu, et, arrivées à l'état stationnaire, elles posséderaient la perfection de cette vie passagère. Qu'elles seraient grandes, et en même temps qu'elles seraient bienfaisantes! car leur grandeur ne consiste pas dans une vaine ostentation, mais dans la possession des véritables biens et dans la puissance d'en faire part à ceux qui en sont privés : et leur charité universelle déborderait, comme un fleuve, sur tous les peuples, pour les enrichir de tout ce qu'elles possèdent.

Les éléments du progrès ne sont pas différents des éléments de la grandeur; là où Dieu se trouve, tout prospère, parce que Dieu bénit; la fécondité, le bien-être, sont attachés à l'observation de ses lois : s'y conformer, c'est prospérer. On prospère au dedans, on prospère au dehors : au dedans, par un accroissement de lumières, de vertus, de bien-être; au dehors, par un échange de bienfaits, par le succès d'utiles entreprises. Ainsi, la prospérité résultera de la science des vrais principes, des œuvres qui leur seront conformes, de la coordination de toutes les forces au même but. Le bien-être sera général,

parce que chaque individu jouira de la perfection humaine, et que la charité sociale,
riche de tous les biens particuliers, ne saurait
laisser souffrir aucun de ses membres. D'ailleurs, chacun étant réglé par la sagesse, use
seulement des créatures, se contente du nécessaire, s'interdit tout excès, vit dans le
siècle présent avec tempérance, avec justice
et avec piété, dans l'attente de la béatitude
que nous espérons, et de la manifestation
glorieuse de Jésus-Christ, notre grand Dieu
et notre Sauveur.

L'ÉPOQUE ACTUELLE.

Si la nature a des lois, est-ce la matière qui
les a portées? curieux législateur que la matière! Si la nature a des lois, ces lois lui viennent d'une intelligence qui, tout en s'insi-
nuant dans les moindres atomes de la matière,
pour les coordonner à ses plans, pour le li-

vifier ou les animer, demeure distincte et indépendante de cette matière. Cette intelligence en qui nous avons la vie, le mouvement et l'être, qui fait penser l'homme, germer la terre, luire le soleil, cette intelligence n'est cependant ni le soleil, ni la terre, ni l'homme. L'homme qui fait du feu et qui l'entretient, n'est-il pas essentiellement distinct de cet élément? Voici ce que dit le Seigneur, le Dieu qui a créé le ciel et la terre, les plantes et les animaux : Je ne suis pas vous, vous n'êtes pas moi. Tout ce qui est par moi pouvait ne pas être, ou pouvait n'être que dans ma pensée. Là nécessairement, éternellement étaient tous les êtres, selon la parole de l'évangéliste : Ce qui a été fait était vie dans lui. Mais de la nécessité d'être dans la profondeur des pensées de Dieu, à la nécessité d'être par vous-mêmes, créatures, qu'il y a loin ! il y a toute une immensité.

Humiliez-vous donc, vous tous qui n'êtes

éclos que d'hier de la pensée de votre Créateur, où il pouvait vous laisser éternellement
endormis. Laissez à Dieu l'être, la plénitude
de l'être, l'être éternel, l'être nécessaire, sans
lequel aucun être ne serait jamais sorti du
néant. Laissez à Dieu tout ce qu'il est par soi-
même, la toute puissance, l'omniscience, la
sagesse qui embrasse tout, parce qu'elle a
tout créé ; la vie qui rappelle tout à elle, parce
que tout est sorti d'elle. Laissez à Dieu l'être,
et prenez pour vous le néant. Touché de votre
anéantissement volontaire, l'Être tout puissant, tout bon, s'empressera de souffler sur
vous son esprit, et de vous dire, dans son
amour : Vivez, ò mes créatures ! vivez ! vivez
de la vie éternelle, que je répands sur tout
ce qui est bon, sur tout ce qui est saint, sur
tout ce qui aime l'ordre et son principe ! Telle
est la cause à laquelle il faut remonter pour
trouver l'explication des phénomènes qui nous
environnent ; il faut, avant tout, admettre

l'idée de Dieu , son existence. Cette idée ad-
mise, il faut savoir que nous n'avons ici-bas
qu'une œuvre, cette œuvre c'est la vertu ; or
la vertu n'est pas une faculté innée, il faut
l'acquérir. Nous n'avons aussi qu'une espérance, cette espérance, c'est la possession de
Dieu. De nos jours on ne cherche Dieu que
dans la matière ; mais comment concevoir que
la matière se meuve, se développe d'elle-
même, qu'elle vivifie les plantes et régisse les
êtres? J'ai, en moi, deux idées, celle de l'esprit et celle de la matière ; or, la matière et
l'esprit sont deux substances distinctes, l'une
qui pense, et l'autre qui est étendue, ces deux
substances se conçoivent très-bien l'une sans
l'autre ; donc je puis concevoir Dieu et la
matière, l'un nécessaire, infini, l'autre con-
tingente, finie, créée. Je n'ignore pas d'ailleurs que les rapports du fini à l'infini sont
infinis. Ces principes, quelque clairs et quel-

4

que lumineux qu'ils soient, n'obtiennent pourtant pas l'assentiment de tous les hommes, et l'Europe tend de plus en plus à se matérialiser. On ne jette plus pour pâture à l'homme, à cette noble créature de Dieu, que de la mécanique et de la vapeur. On préconise les arts, l'ouvrier n'est plus qu'un être matériel, jamais un mot de vertu ne retentit à son oreille. Il en est de même dans les sciences, on enseigne guère que le matérialisme; aussi, malheur aux jeunes hommes qui n'ont pas de convictions religieuses, ils ne sauraient en trouver dans le monde. Cependant les feuilles publiques ne retentissent que de progrès religieux, et où est donc ce progrès? Il y a, peut-être, plus de finesse dans les mœurs, plus de flatterie dans les paroles, mais si le progrès est quelque part, ce n'est que dans le langage. On fait Dieu, de la matière; la religion, de l'histoire naturelle; la morale,

de la physiologie. C'est ainsi que du rationalisme on a passé au protestantisme, du protestantisme au naturalisme, et du naturalisme
au panthéïsme qui est la négation du vrai
Dieu. La religion du Christ a été considérée
comme un système trop vieux ; ce n'est plus
qu'un cadavre en putréfaction, qu'un fossile
qu'on consulte pour le souvenir, étranges
paroles ! Si elles n'étaient qu'orgueilleuses,
elles provoqueraient le mépris ; elles sont in-
sultantes, et nous répondons : C'est trop tôt
sceller la tombe, le Christ mort a déjà une
fois renversé sur son sépulcre les soldats ro-
mains, trois jours encore et nous verrons... Et
déjà tout n'est-il pas en mouvement : le ju-
daisme s'ébranle, le mahométisme succombe,
dans la savante Allemagne le protestantisme
chancelle sur sa base. De cette défaillance
naît un malaise, un besoin, on ne sait lequel ;
ne serait-ce pas Dieu qui veut renouveler le

genre humain? Pour nous, nous sommes tranquilles, convaincus que notre foi est inébranlable, que notre religion est la seule stable, la seule vraie.

LOIS GÉNÉRALES.

Dieu a donné à la matière quatre grandes lois primordiales, qui sont, outre les fluides impondérables : la force intelligente, la force vitale sensitive, la force vitale végétative et la force attractive ou l'attraction; ces lois régissent quatre espèces d'êtres. A l'attraction obéit toute la matière brute et inerte; le règne végétal est soumis à l'influence immédiate de la force vitale végétative, et la force vitale sensitive anime tous les animaux; l'homme obéit à la force vitale intelligente. Ces forces sont causes secondes de l'existence, elles donnent à la matière le mouvement et

la vie; or tout ce qui donne la vie est actif,
et tout ce qui est actif n'a rien de commun
avec la matière passive; donc ces causes sont
immatérielles ou distinctes de la matière.
Nous pourrions donner une preuve d'observation : si l'on prend un œuf non fécondé,
on lui trouvera, à l'aide d'un microscope,
tous les linéaments nécessaires à la vie; et si
on le soumet à l'incubation, il sera bientôt
pourri; ou bien si on l'expose à l'action de
la pile de Volta, il finira par se corrompre;
d'où l'on conclut qu'il lui manque quelque
chose que n'a pu lui donner ni la chaleur,
ni l'électricité, et ce quelque chose, c'est la
vie qui ne vient que de Dieu.

L'homme est le roi de la création; il paraît
tout étincelant de la lumière divine; c'est
une intelligence, une créature double, parce
qu'il est régi par la double faculté de l'âme,
la faculté intellectuelle et la faculté sensitive.

L'homme réunit donc la vie intellectuelle à la vie matérielle; il a la vie de la plante, la vie de l'animal, la vie de l'ange. L'âme humaine, par sa faculté intellectuelle, régit le cerveau pour l'accomplissement des fonctions intellectuelles et morales, et, par sa faculté sensitive, elle préside à tout le reste du système nerveux; elle régit aussi, par son action médiate et éloignée, les opérations d'un ordre inférieur, comme les fonctions sensoriales. Ces fonctions sensoriales sont : la sensibilité externe et générale, la motilité. Par cette même action, elle régit aussi la sensibilité interne, organique, nutritive, l'irritabilité et la contractilité du tissu. Le corps obéit donc ainsi aux facultés de l'âme, comme le sujet à son roi. Pour nous faire une idée claire de l'universalité des êtres, nous tracerons le tableau suivant :

ORDRE HIÉRARCHIQUE

DE L'UNIVERSALITÉ DES ÊTRES.

Règne minéralogique qui croît par juxta-position inorganique.

Régi par la force attractive et les fluides impondérables :

TOUTE LA MATIÈRE.

Règne phytologique qui croît et vit par intus-susception organique.

Régi par la force vitale végéta-tive et les fluides impondérables :

TOUS LES VÉGÉTAUX.

Règne zoologique qui croît, vit et sent.

Régi par la force vitale sensitive. Ce règne renferme tous les êtres sensibles et incapables de suicide, de mérite ou de démérite :

TOUS LES ANIMAUX.

C'est cette force vitale sensitive qu'on appelle l'*âme des bêtes*; elle est immatérielle, capable de sensa-tion et de recevoir des images; elle périt avec le corps auquel elle est unie, et pour lequel elle existe uniquement, d'après la volonté du Créateur.

Règne antropologi-
que qui croît, vit,
sent et pense :

L'homme.

Capable de mérite ou
de démérite.

Régi par la force intelligente ou par la double puissance de l'âme, la faculté intellectuelle et la faculté sensitive ; les fluides impondérables, quant à la vie physique et matérielle. Ces êtres sont à la fois intelligents et sensibles, capables de sensations, d'idées intellectuelles, d'idées morales, abstraites, générales, de pensée, de jugement, de mémoire, de réflexion; libres et perfectibles, capables de suicide. Cette force intelligente est l'âme raisonnable, immortelle; cette âme raisonnable et immortelle est prouvée par l'observation.

L'homme est un esprit immortel créé à l'image et à la ressemblance de Dieu, pour être uni à Dieu et à un corps organisé qu'il doit régir; pour vivre en société et y remplir des devoirs et les fonctions d'un état; pour gouverner les créatures dans la justice et l'équité, et les faire servir à ses usages; pour aspirer à une autre vie immortelle et glorieuse.

Intelligences surhu-
maines :
LES ANGES.

> Au-dessus de l'homme sont les créatures ou les substances intelligentes, incorporelles ou immatérielles et immortelles , prouvées par la révélation.
>
> Ces sublimes intelligences possèdent la plénitude de la pensée créée et finie.

DIEU.

> Principe de tous les êtres, substance infinie, incréée , possédant la plénitude de l'être , être nécessaire , de qui émane la pensée incréée et infinie, manifesté par la parole ou le *Verbe* éternel incarné.

EXPLICATION DU TABLEAU.

Il faut entendre par les forces qui président au mouvement et à la vie les causes secondes émanant de la volonté de Dieu qui est la cause première ; elles sont immatériel-les , parce que ce qui donne le mouvement et la vie est actif, et ce qui est actif n'a rien de commun avec le passif ou la matière, donc ces forces sont indépendantes de la matière ou immatérielles.

L'homme est soumis à l'âme qui se manifeste à nous par la faculté intelligente et par la faculté sensitive. Par la faculté intelligente, elle régit le cerveau pour l'accomplissement des fonctions intellectuelles et morales ; par la faculté sensitive, elle agit immédiatement et médiatement sur tout le système sensorial. Souvent cette dernière faculté agit seule, comme dans la digestion et la circulation, quelquefois les deux facultés agissent ensemble : un peintre, par la faculté intelligente de son âme, a dans l'esprit l'image d'un beau tableau, et, par la faculté sensitive, il fait passer cette image sur la toile. La force sensitive préside à tous les mouvements des animaux, et alors elle prend le nom d'*instinct* ou *âme des bêtes*.

L'esprit ou l'âme est un être essentiellement immatériel, capable de pensée, de sentiment, de volonté et de liberté morale. Cette
âme est émanée de Dieu, c'est un souffle de sa
bouche, descendu sur nous pour nous animer ; elle n'est point une partie de Dieu,
comme le prétendait Origène : Dieu en soufflant sur l'homme ne lui communiqua pas
une partie de son être, de même que nous,
en soufflant sur un objet, nous ne donnons
pas à cet objet une partie de nous-mêmes.
Les facultés supérieures de l'âme sont : la
puissance, l'intelligence et la volonté ; les facultés inférieures sont : l'imagination, la sensibilité et le sentiment. Quand l'âme fut-elle
créée ? A cette question quelques philosophes
ont répondu que toutes les âmes furent créées
à la fois, qu'elles circulent dans le vide jusqu'à ce qu'elles trouvent un corps pour se
reposer. Nous répondons que l'âme est créée
lorsque les organes de l'enfant sont capables

de la recevoir, ce qui a lieu trente ou qua-
rante jours après la conception.

Nous n'avons pas seulement une âme, nous
avons en outre un corps composé de parties,
partant divisible et conséquemment sujet à
la dissolution, tandis que l'âme n'est soumise
à aucune altération.

Comment le corps et l'âme sont-ils unis?
comment exercent-ils leurs mouvements?
C'est un secret de Dieu. Nous savons seulement que le corps seul périt, pour être ensuite renouvelé, et que l'âme, lorsque la
mort arrive, si elle n'a pas dégénéré de son
état primitif, c'est-à-dire si elle s'est conser-
vée dans l'état d'innocence, ou si elle y est
revenue après l'avoir perdu, s'en va au ciel,
dans le sein de Dieu, jouir de la plénitude
de l'Être; non pas qu'elle se confonde avec
l'Être éternel, et qu'elle soit Dieu, mais elle
acquiert une plus grande intelligence et jouit
du bonheur céleste. Cette vérité nous est con-

firmée par les saintes écritures, et encore par le témoignage de tous les peuples, qui ont toujours cru à l'immortalité. Ainsi l'ont pensé les philosophes, depuis Platon jusqu'à Leibnitz.

Tout donc nous porte à avoir ces idées chrétiennes, car sans elles, impossible d'expliquer l'homme et même l'animal. Aujourd'hui pourtant on n'étudie plus que l'organisme; la médecine se réduit à l'anatomie; Bichat et après lui Broussais ont anéanti, dans cette étude, tout ce qu'il y avait de spirituel, pour ne considérer plus que le corps, l'organisation, la matière.

AME DES BÊTES,

OU FORCE VITALE SENSITIVE.

Notre vie étant de Dieu, se tait, lorsqu'on ne s'occupe pas de Dieu. Alors nous commençons par calomnier la raison, ce doux rayon de l'âme, et nous lui substituons le raisonnement, cette aberration de la pensée ; alors on va jusqu'à nier l'âme, on s'environne avec orgueil de bien-être, d'arts, de découvertes, de sciences, de mouvement, de forme et de matière, puis on se dit libre ! Oui, libre de mourir sur un grabat, libre d'aller pourrir, côte à côte, auprès de son semblable ! Cherchons donc au milieu de ce chaos, retrouvons donc l'âme pour l'*élever*. *Élever* l'âme, la raison logique de ce mot est pleine de profondeur. Élever, *faire l'éducation*, élever, monter plus haut, remettre l'homme à sa véritable place : voilà, si je ne me trompe, une question importante et pleine d'actualité. Qu'est-elle cette âme dont l'éducation est si importante ? où sont les preuves de sa puissance, les marques de sa supériorité, de son immortalité ? comment la reconnaître au milieu des passions terrestres et des habitudes de la matière ? Telles sont les questions à résoudre. Rendons à la matière ce qui appartient à la matière, et à l'esprit ce qui appartient à l'esprit; en un mot déterminons les qualités qui font l'animal, et les qualités qui font l'homme.

En étudiant l'homme, on est frappé tout d'abord de l'abrutissement qui peut le faire tomber au rang des animaux, et de cette intelligence qui l'élève jusqu'aux cieux. Nous diviserons les phénomènes, en phénomènes de l'instinct et phénomènes de l'intelligence. La perception, la réflexion, le jugement, la mémoire, la volonté, existent-ils, au même degré, dans les animaux et dans l'homme? Quels sont les rapports, quelles sont les différences? Examinons, la foi n'est permise qu'après la réflexion, du moins de nos jours. Comparons les phénomènes instructifs et intellectuels qui dépendent du système nerveux avec les phénomènes de la conscience et de la raison; marquons le point où s'arrête l'influence de l'organisation, et où commence notre liberté morale.

DE L'INSTINCT.

L'instinct est cette impulsion, sans raisonnement, qui détermine, d'une manière invariable, le caractère, les mœurs et les habitudes des animaux.

L'instinct pur se montre surtout dans les insectes. Ils arrivent tout instruits sur la terre, ils n'ont besoin ni de leçons, ni d'exemples pour accomplir leur destinée. Leurs entrées dans la vie, leurs sorties, sont combinées de manière à durer, et Dieu, principe et fin de toutes choses, se manifeste jusque dans les merveilles de ce petit monde. Les insectes sont donc sous l'influence d'une loi générale; ils ont la vie, l'instinct pur, l'intelligence n'est pas en eux, il y a seulement prévoyance. Cet instinct est donc une prévoyance, et une prévoyance qui vient de Dieu; ils sont soumis à ces lois générales qui agissent, d'une manière uniforme, sur la matière organisée; de sorte que les diverses combinaisons qui résultent de cet instinct, ne sont point de l'animal, mais elles sont en lui; elles sont, non son intelligence, mais l'intelligence de celui qui voulait conserver son œuvre. L'instinct isolé sera toujours inexplicable : le vol d'un moucheron, l'industrie d'une araignée, les travaux d'une guêpe pour abriter le berceau d'une postérité qu'elle ne verra jamais, écrasent l'intelligence humaine. Mais l'ensemble de ces faits, leur action dans les harmonies du globe, l'instinct, loi générale de la nature, établissent l'équilibre, fondent la durée, révèlent une cause intelligente, et cette cause une fois trouvée, tout s'explique.

L'instinct pur n'est donc qu'une loi de la matière, comme la germination, seulement il y a un degré de plus vers la vie. Les insectes cherchent leur proie, comme les racines des végétaux choisissent leur terre ; ils enveloppent et défendent leurs œufs, comme la plante enveloppe et réchauffe ses germes. Il ne s'agit donc pas ici d'une faculté, mais d'une loi ; en conséquence il suffit de constater la loi et de remonter à sa cause : voilà tout ce qu'il nous est donné de savoir sur ce sujet. Toutes les explications du génie tombent devant un insecte, toutes les difficultés de la métaphysique s'évanouissent en présence de Dieu. Si les animaux n'avaient que de l'instinct, la question de l'âme se bornerait à l'homme seul, qui se trouve placé, par la conscience, la liberté et la volonté, au-dessus de cette loi. Mais en s'élevant dans l'échelle des êtres, en passant des animaux au système nerveux ganglionique (les insectes), aux animaux vertébrés (les quadrupèdes, les mammifères), on rencontre quelque chose de supérieur à l'instinct. Les actions cessent d'être imposées; elles se modifient, elles se multiplient suivant les circonstances et le besoin. J'observe des perceptions, des souvenirs des idées, des vo-lontés. Ce n'est plus la géométrie transcen-dante, mais nécessaire, de l'araignée et de l'abeille; c'est l'intelligence d'un être qui ré-fléchit et qui choisit. L'organisation change en même temps que les facultés. Les insectes n'ont point de cerveau; j'en vois un dans le cheval et dans le chien; j'y découvre, avec un cerveau, des sens, une intelligence qu'il faut admettre, bon gré mal gré.

DU PRINCIPE PENSANT DANS LES ANIMAUX.

Nous ne voyons de l'homme que son corps, un corps soumis à tous les besoins, à toutes les *passions* des animaux; une chair dont les infirmités inspirent le dégoût, et dont la nudité imprime la honte; un corps animé par l'intelligence et promis à la corruption; des sens que nous partageons avec la brute et dont la privation nous réduirait au néant : voilà ce qui frappe, lorsqu'on jette les yeux autour de soi. Mais je suis tout-à-coup ravi hors de moi-même, je conçois autre chose que la matière; une autre partie de mon être, partie que je ne vois pas, aspire à l'infini. Je me surprends deux volontés, j'éprouve des combats, je me sens double, en quelque sorte, par le désaccord de mes passions célestes et terrestres, par mes besoins, mes craintes et mes persévérances; alors je prononce hardiment : il y a deux *moi* dans l'homme, le *moi* qui veut le bien et le *moi* qui mène au mal.

Toutefois le corps est là, il marque notre rang parmi les animaux, il nous flétrit d'une ressemblance fatale. Nous avons les mêmes organes, et ces organes produisent les mêmes phénomènes. Voyez le chien qui repose à mes pieds, les nerfs de son cerveau se projettent aux organes des cinq sens, et le mettent en rapport avec le monde extérieur; la lumière agit sur ses yeux, le son sur ses oreilles, le goût sur son palais, il en reçoit des sensations et des images qui déterminent une action. Mais il y a une grande différence, dira-t-on; les sens de l'homme reçoivent des impressions comme les sens de l'animal, et l'âme est là pour le reconnaître; c'est elle qui voit, qui entend, qui sent et qui veut, dans les animaux rien de tout cela? à la bonne heure, mais dirons-nous que les animaux agissent comme les ressorts d'une machine! ou bien leur donnerons-nous une âme immatérielle qui serait douée des facultés que nous nommons inférieures, l'imagination, la sensibilité, le sentiment? Jetons un coup d'œil sur ce qui se passe autour de nous. Un chien s'endort, son sommeil est agité, il a un songe, et dans ce songe il poursuit sa proie, il attaque son

ennemi, il le voit, il l'entend, il le dévore ;
il a des sensations, des passions, des idées.
Je l'appelle, je le tire de ses visions, il rede-
vient calme. Je prends un fusil, il s'élance,
saute, me regarde, m'étudie, se traîne à
mes pieds, court à la porte, se réjouit ou
s'attriste, selon la volonté que j'exprime. Que
s'est-il passé dans son cerveau ? Quelle liaison
d'idées entre mes actions et la chasse qu'il
prévoit ? Comment le seul acte de prendre mon
fusil éveille-t-il en lui un souvenir, un désir,
une volonté ? Il espère et il me flatte ; il me
caresse et il s'humilie pour que je l'exauce ;
il cherche à me séduire par sa joie et à me
toucher par sa tristesse : voilà donc un animal qui pense, qui veut, qui se ressouvient,
qui combine. Il s'établit une correspondance
entre mes volontés, mes pensées et les sien-
nes ; nos deux *moi* se rencontrent et se com-
prennent. Si je l'appelle, il accourt ; si je le
gronde, il gémit ; nous nous entendons assu-

rément, parce qu'il pense; or, la matière penserait-elle ? et si elle pense dans la brute, pourquoi pas dans l'homme? et si la matière ne peut pas penser, donc il y a dans cet animal un principe pensant, une force immatérielle, une âme.

Mais, dira-t-on, les marques d'intelligences qui vous étonnent ne sont que les inspirations d'un maître! Le chien, animal civilisé, répète des pensées, comme le perroquet répète des mots sans en connaître le sens. Et cependant, si le chien est susceptible de perfectionnement, si l'éducation peut changer ses habitudes, modifier ses actions, il faudra toujours en conclure qu'il y a en lui quelque chose qui se ressouvient et qui réfléchit. L'éducation des bêtes, sans réflexion de leur part, serait aussi incompréhensible que celle des hommes sans liberté. Le chien de basse-cour, condamné à la chaîne comme l'esclave, reste toute sa vie dans un état complet de

stupidité ; tandis que le chien de berger, con-
tinuellement occupé de la garde d'un troupeau, distingue le champ de blé vert qui doit
être épargné, du pâturage qui doit être permis. Voyez aussi comme il ramène à l'ordre
la troupe avide et ignorante, comme il im-
pose aux téméraires par des mouvements qui
les épouvantent, et comme il châtie les obs-
tinés auxquels un avertissement n'a pas suffi.
Cet animal sait donc choisir, gronder, com-
mander et obéir ; il reçoit des ordres qu'il
exécute, et d'autres qu'il transmet, tout
cela avec rapidité, justice et discernement. Or, lorsque les bêtes font des choses que nous ne saurions faire sans rai-
sonner et sans juger, il faut bien croire
qu'elles raisonnent et qu'elles jugent. Dans
les animaux privés, l'intelligence se développe
par la société de l'homme ; dans les animaux
sauvages, l'intelligence se developpe par le
péril et la faim. Les chasseurs remarquent

une très-grande différence entre les actions d'un loup jeune et ignorant et celles d'un loup vieilli au milieu des embûches. La marche du premier est toujours libre et hardie ; celle du second est prudente et inquiète ; partout où il évente un homme, il soupçonne un piége ; alors la proie la plus séduisante ne le tenterait pas, et cette sensation l'emporte sur les fureurs de la faim. Le cercle de ses idées s'étend donc par le péril ; il perd son caractère naturel qui est l'audace ; il se compose un caractère factice qui est la crainte ; il devient défiant, c'est-à-dire qu'il fait des rapprochements, des raisonnements, et que du passé il conclut l'avenir. Il s'agit là d'un individu isolé, mais l'association de deux individus seulement exerce une influence bien plus prodigieuse : leurs ruses supposent des idées, et l'exécution de ces idées suppose nécessairement des moyens de communication. Or, voyez-les, ils tiennent conseils, ils com-

binent un projet, ils arrêtent une suite d'actions dont chaque résultat est prévu. Tout le
monde sait comment le loup et la louve attaquent un troupeau, écartent le chien, enlè-
vent une brebis, puis partagent entre eux.
Comment refuser la pensée à ces combinaisons hardies, dont toutes les chances sont
prévues, tous les résultats assurés, et qui
varient suivant les temps, les lieux, les
besoins et le péril? La mécanique de Descartes n'explique rien, et, ce qui est triste,
elle flétrit tout. Les animaux jetés comme
nous sur ce globe dont ils possèdent une
partie, y développent comme nous mille
industries diverses; ils y combattent, ils y
travaillent, réduits qu'ils sont à défendre
contre tous les éléments une vie livrée,
comme la nôtre, au double ravage du temps
et de la douleur. Or, ils ne vivent que
dans l'intérêt d'une harmonie générale, tous
leurs rapports avec l'homme sont ceux du

serviteur au maître. Troupeaux paisibles, ils fournissent à nos vêtements et à notre nourriture; manœuvres patients, ils labourent nos terres : partout leurs chants nous égaient, et, pour nous les faire entendre, ils se rapprochent de nos demeures, et c'est toujours à la portée de notre oreille que les oiseaux modulent leurs concerts. Ainsi notre existence tient à la leur; car, anéantissez l'homme, les animaux continuent de peupler et de posséder la terre; au contraire, anéantissez les animaux, le globe cesse d'être habitable, le genre humain périt; ils nous touchent de toutes parts, sans toutefois s'élever jamais jusqu'à nous.

Pourquoi ces milliers d'êtres vivent-ils? Que font-ils sur ce globe? Ont-ils un avenir comme nous? Car s'ils ont une âme immatérielle, elle doit être immortelle! L'animal, il est vrai, est un être doué d'un principe sensitif et pensant, mais il n'est pas immortel. En effet, la certitude que nous avons de l'immortalité de nos âmes se fonde uniquement sur l'idée que nous avons de Dieu. Trop souvent l'homme de bien souffre, est malheureux sur la terre ; s'il n'est point dédommagé dans un monde meilleur, où est la justice de Dieu ? L'homme de bien, souffrant et malheureux sur la terre, n'est soutenu que par l'espoir d'une récompense future : s'il espère en vain, où est la providence de Dieu ? L'homme, par sa nature, soupire après la lumière et le bonheur, il ne saurait sur la terre contenter son désir ; si même après la mort il ne peut le satisfaire, où est la sagesse de Dieu ? Or, si quelques animaux souffrent, sont malheureux sur la terre, ce n'est point à la vertu qu'ils doivent leurs souffrances ; n'ayant pas de loi morale, ils ne peuvent y conformer leur conduite ; n'ayant aucune idée d'une récompense future, ils ne peuvent la désirer, ni l'attendre. Bornés par leur nature aux besoins de la terre, la terre leur offre de quoi les contenter : par conséquent, la justice, la providence et la sagesse de Dieu n'exigent pas qu'ils soient dédommagés, comme l'homme de bien, dans un monde meilleur. Pourquoi Dieu les a-t-il ainsi livrés aux caprices du genre humain dont ils sont la proie ? L'ordre régnait partout ; Dieu avait fait les animaux pour l'embellissement de son œuvre, la *création*, pour le plus grand bonheur de l'homme, sa créature ; le péché jeta le trouble dans l'ouvrage du Créateur, de là le désordre, de là les maux. Moïse, dans son admirable Code de lois, n'avait pas oublié d'améliorer leur sort ; il avait pris soin de les protéger contre l'injustice des hommes. Ils sont faits pour nous, Dieu l'a voulu ; mais ils ont plus ou moins souffert du désordre introduit sur la terre, en ce sens que la terre, devenue froide et stérile, ingrate pour ses habitants, a été aussi pour eux rebelle et mauvaise; en ce sens qu'ils sont devenus sauvages et féroces, et que l'homme est entré en guerre avec eux, pour les dompter ou les empêcher de nuire; en ce sens qu'ils sont devenus instruments nécessaires, ont dû être assujettis au travail, vivre et mourir pour l'homme, pour qui Dieu les avait appelés du néant; mais n'ayant pas d'autre but, ni d'autre fin, ou ils meurent, ou l'homme s'en nourrit, parce que Dieu lui en a donné la propriété : telle est leur destinée sur le globe. Providence admirable, ici, sur cette terre, tout est pour l'homme, et l'homme, le roi, le pontife de ce monde, est pour Dieu. Viennent maintenant les physiologistes, le scalpel à la main, qu'ils mesurent la perfection de l'intelligence à la perfection de l'instrument, qu'ils vantent la supériorité de nos organes; nous leur dirons : Jamais, non jamais vous n'expliquerez, je ne dis pas l'homme, mais même l'animal, par l'organisme seul. C'est vainement que, passant du coquillage à l'insecte, de l'insecte au chien, du chien à l'homme des bois, de l'homme des bois à l'homme civilisé, ils nous montrent la pensée attachée à la forme et se développant avec elle, toujours plus vaste, toujours plus puissante, à mesure que l'animal s'élève dans l'échelle des êtres, et que ses organes se perfectionnent ; je ne conçois pas et ils ne conçoivent pas non plus eux-mêmes, comment la matière peut produire des pensées : pourtant on peut leur passer leurs observations, ils raisonnent sur des cadavres.

Pour nous la question se réduit à séparer les facultés inférieures de l'animal des facultés intellectuelles de l'homme, à savoir enfin ce qui constitue l'homme. Les facultés supérieures de l'âme sont indépendantes des sens

et des organes ; or, la science du physiolo-
giste est toute matérielle, il juge de l'intelligence par les corps, comment jugerait-il de
l'âme qui ne touche à rien de ce qu'il voit?
où cessent les rapports, là cesse la science.
L'étude de l'esprit ne peut plus être confondue
avec l'étude de la matière, la physiologie
s'arrête sur les bords de la métaphysique. La
physiologie étudie tout ce qui dans l'homme
appartient à l'animal, la métaphysique étudie
dans l'homme tout ce qui appartient à l'être
spirituel, comment se rencontreraient-elles?
Les philosophes ont donc demandé à la physiologie l'explication des faits psycologiques
placés hors de la sphère de cette science. Que
l'anatomiste constate les rapports de nos organes avec les phénomènes de l'intelligence,
qu'il saisisse dans les perceptions de nos sens
les pensées et les passions animales, il a touché aux limites de la science, le scalpel n'at-

teint jamais que la matière. Mais n'y a-t-il rien en nous qui contredise, qui condamne les pensées et les passions matérielles? Ce qui est en nous après la matière : voilà ce qui constitue la science du philosophe. Une raison supérieure à l'instinct animal, des facultés et des pensées plus hautes que nos sensations, plus fortes que nos passions : voilà ce qui est au-dessus des sens, ce qui constitue l'âme humaine. L'homme statue de Condillac reçoit tout du dehors; il sent, il pense, compare, raisonne, imagine, conçoit, veut; c'est un être matériel, premier entre les animaux, et rien de plus; l'homme, être moral, n'existe pas dans ce système. Sculpteur maladroit, Condillac oublie d'invoquer un Dieu en commençant son ouvrage, il donne la vie à sa statue et lui refuse l'immortalité. Ainsi, en voulant faire un homme avec des sensations seulement, on fait un singe ou un perroquet: là se borne la puissance du matérialiste.

6

L'AME HUMAINE.

Saint Augustin dit positivement que les bêtes ont une âme, et il fait consister la principale différence entre elles et l'homme, en ce que l'homme est intelligent et sait discerner le bien du mal, en ce qu'il a été fait à l'image de Dieu, d'où il a quelque chose, ajoute le saint docteur, que n'a pas la brute. (Enar. 2, in ps. 29, n° 2.)

Saint Grégoire-le-Grand distingue trois sortes d'âmes : celle de l'ange qui n'est pas revêtue d'un corps ; celle de l'homme qui est unie à un corps auquel elle survit ; et celle des bêtes qui périt avec le corps ; de sorte que l'homme est un être intermédiaire, inférieur à l'ange, supérieur à la brute. (Dial. lib. 4, cap. 3.)

L'homme est un esprit immortel, créé à l'image et à la ressemblance de Dieu, pour être uni à Dieu et à un corps organisé qu'il doit régir; pour vivre en société et y remplir des devoirs et les fonctions d'un état; pour gouverner les créatures dans la justice et l'équité, et les faire servir à ses usages; pour aspirer à une autre vie immortelle et glorieuse.

Tous les siècles ont admiré cette parole sublime du Dieu créateur : Faisons l'homme à notre image et à notre ressemblance. Il est dit ensuite du premier homme, qu'il engendra à son image et à sa ressemblance. Dans l'*unité* de son *moi* individuel, l'homme est comme Dieu, mais dans un degré nécessairement limité : *puissance, intelligence, amour,* espèce de trinité qui élève l'homme au-dessus de l'animal. Le corps de l'homme est formé de terre, et son âme est un souffle de Dieu : Dieu répand sur son visage un rayon de sa vie. Voici ce que dit le sage : *Dieu a formé l'homme du limon de la terre ; à son image il l'a créé ; il a tiré de lui un aide semblable à lui ; il leur a donné le jugement et la parole ; il a créé au dedans d'eux la science de l'esprit ; il a rempli leur cœur d'intelligence ; il leur a donné la connaissance du bien et du mal ; il a mis son œil sur leur cœur ; il leur a donné la science et la loi de vie en héritage ; il a fait avec eux un testament éternel, et il leur a enseigné sa justice et sa vérité.* L'œil de l'homme a contemplé la magnificence de sa gloire ; son oreille a entendu la majesté de la voix du Très-Haut... Il lui a été dit : Abstiens-toi de toute iniquité. L'homme fut créé dans l'état d'innocence ; avant sa chute il pouvait se développer par un progrès sans bornes dans le *vrai* et dans le *bien.*

Ainsi l'homme est fait à l'image de Dieu ; nous retrouvons en lui comme un abrégé de l'univers. Il y a bien là de quoi élever l'âme au-dessus de la brute, et de plus un Dieu l'a racheté par le prix de son sang. L'homme a une intelligence qu'on peut définir, *un développement varié dans l'unité ;* son esprit est essentiellement actif, de là le développement, et ce développement doit se faire dans l'unité, sans quoi il anéantirait la base qui le soutient. Par la science, il tend à se rapprocher de l'intelligence infinie ; il reproduit en lui, autant qu'il est possible, les idées distinctes de toutes les réalités et leur intuition une et complète. Par sa science, il explique Dieu et l'univers : l'infini et le fini, l'absolu et le relatif, l'immuable et le contingent, sont du ressort de son âme ; il tend à pénétrer dans l'infini pour y découvrir les lois qui régissent le fini. Sa science est limitée sans doute, mais elle embrasse tous les genres, depuis la poésie jusqu'à la philosophie qui sont comme l'épopée de son intelligence. Le premier homme reçut de son Créateur une loi morale et religieuse pour règle de son esprit, de son cœur et de ses œuvres ; or l'animal ne connaît ni le bien ni le mal. L'homme a commencé par une première langue qui lui fut donnée de Dieu ; car il n'aurait pu l'inventer, et la parole seule constitue un être tout-à-fait à part. La brute a en partage la sensation, l'instinct et le silence ; l'homme seul a reçu le don sublime de la parole pour mieux louer son Créateur. Si l'orang-outang ne parle pas, s'il n'a point de langage articulé comme nous, ce n'est point parce que les sacs hyo-thyroïdiens y mettent obstacle, comme le prétendent Richerand et Virey après Camper, mais uniquement parce que Dieu ne leur a point donné la parole. L'homme remporte des victoires fréquentes sur son tempérament et ses passions, et malheur à qui ne trouve pas en lui cette preuve honorable, ou ce témoignage glorieux de sa supériorité. Il peut se suicider, cela est un crime ; mais il le peut, et l'anima le plus intelligent ne peut pas même retrancher un seul organe de son corps ; donc nos facultés s'étendent plus que celles de l'animal ; nous avons en outre des espérances immortelles. Notre âme domine les illusions des sens, elle les redresse par une autre faculté que nous appelons l'intellect, par cette faculté nous discernons le vrai du faux ; intellect, lire au dedans, *intùs legere*. Apprendre, connaître, savoir, aimer le bien et le faire, aspirer au bonheur, voilà l'homme. La spiritualité et l'immortalité de notre âme forment un article du symbole des intelligences, et jusqu'à ce que, par l'imposante autorité des faits, on ait établi qu'il fut un temps où le genre humain tout entier crut au dogme brutal de l'anéantissement, nous sommes en droit de croire à nos immortelles espérances. Cependant, quoiqu'il eût été dit : Faisons l'homme à notre image et à notre ressemblance, le dix-huitième siècle, tout hébété de sa haine contre Dieu, osa bien dire que

Moïse ne croyait pas à la spiritualité et à l'immortalité de nos âmes. Mais, en dépit des philosophes, des sombres régions du trépas s'élève toujours ce cri d'espérance : Je sais que mon Rédempteur est vivant et qu'un jour je le verrai, c'est le cri de l'humanité déchue ; nous souffrons sur la terre, lieu d'expiation, donc après les travaux la récompense. Ecoutons Platon dans son langage presque évangélique : L'âme qui, par de continuels efforts de sa volonté, avance dans la vertu, se corrige du vice, est transportée dans un séjour d'autant plus heureux et plus saint, qu'elle s'est plus rapprochée de la perfection divine. Nous avons le sentiment du juste et de l'injuste, nous connaissons le droit et le devoir, nous méritons ou nous déméritons, nous promenons majestueusement nos regards dans les cieux, nous établissons des rapports, rien ne nous échappe, depuis le grain de sable que les flots roulent sur le rivage, jusqu'à l'astre étincelant de lumière qui, dès l'aurore, s'avance comme le géant des airs, tandis que l'animal reste engourdi dans sa demeure. Mous aimons, et par cet amour notre âme remue le monde entier; l'amour, symbole de Dieu, *Deus caritas est,* est au fond de notre être, il nous rend heureux ou malheureux! Or, où est cette puissance dans l'animal? Enfin nous sommes libres... La liberté, cette grande chose, nul ne peut me l'arracher, en vain je dormirais dans les fers, en vain je succomberais sous les coups du tyran, au fond de mon âme je sens que je suis libre. Mon âme, c'est le levier d'Archimède, par elle je transporte les montagnes. Encore une fois, voilà l'homme, il est intelligence, amour et volonté; ce sont ces facultés supérieures qui le placent haut dans l'échelle des êtres; roi de la création, il est maître souverain de l'animal; il le dompte, le dresse, lui commande, et le lion, le tigre, lui obéissent avec respect : souvenez-vous de Wan-Burk. Nous passons sur la terre, les yeux tournés vers le ciel; nous tremblons ou nous espérons, parce que nous sommes immortels. Nous avons donné plus haut les raisons de notre immortalité, l'animal au contraire est mortel, avons nous dit; la providence de Dieu, sa justice, sa sagesse, tels sont mes titres pour le ciel. Sublime destinée, vivons donc, vivons sur la terre, non pour mourir, mais pour vivre à jamais.

THÉORIES DE QUELQUES PHILOSOPHES.

Descartes fut l'auteur du rationalisme; son système eut une application funeste dans la doctrine de Luther; du protestantisme uni au rationalisme naquit le naturalisme qui conduisit au scepticisme, et enfin à l'éclectisme et au panthéisme modernes. Le grand roi s'en allait chargé d'ans et de victoires;

sous son règne il avait su tenir la pensée captive ; on ne pensait, on ne parlait que sous l'influence du monarque. Mais les mœurs n'avaient pas de frein, l'immoralité inondait la cour et allait bientôt descendre dans les rangs du peuple. Quelque temps après, le naturalisme, qui existait dans les mœurs, parut dans les écrits et dans la pensée ; Locke était spiritualiste, mais on abusa de son principe. Alors parut Condillac, ce philosophe fut entièrement l'âme du sensualisme ; puis, le système une fois fait, les idées gravitèrent autour, et tous les philosophes de l'époque, Voltaire, Buffon, Montesquieu, s'en ressentirent ; ils ne virent que la nature ; ils ne conservèrent à Dieu qu'un nom sans force, sans puissance créatrice ; ils nièrent l'immortalité de l'âme et traitèrent les espérances futures comme des chimères inventées par les tyrans, ou par ceux qui avaient intérêt de tenir les peuples captifs. Aussi Voltaire, à chaque page de ses écrits, verse sur l'homme une désespérante ironie; Buffon, naturaliste sublime, au style pompeux, s'extasie devant l'homme; mais il ne voit en lui qu'un animal mieux organisé, tenant le premier rang dans la longue chaîne des êtres matériels; Montesquieu, légiste profond, oublie ce qu'il y a dans les lois, d'éternel, de divin, et réduit tout à un principe mesquin : l'influence du climat sur le caractère et les mœurs de l'homme. On voit qu'ils ont laissé bien loin les spiritualistes, leurs devanciers, Descartes, Bossuet, Fénélon, Mallebranche, dont les systèmes essentiellement organisateurs avaient dominés les arts, l'histoire et la législation, en recommandant au peuple la religion. Puis apparaît Quesnay, économiste, le premier il veut fixer ce qu'il y a de plus instable parmi les hommes : la fortune et la richesse. Son grand principe était, que la richesse se trouve toute dans l'agriculture, et que le sol est le principe producteur. Après lui, Smith, écossais, déplace la base du système, et au lieu de trouver la richesse dans le sol, il la met dans le travail. Le travail est donc le moyen, la richesse, le but. Ainsi tout se suit dans les mœurs pour atteindre un bonheur matériel.

Le sensualisme eut pour *interprète profond* l'auteur du *Système de la nature*, qui essaya de déguiser son athéisme sous des formes politiques. Hobbes, philosophe anglais, résuma tout en ce mot : *Tyrannie, force brutale*. Mirabeau le père, méprisant Dieu et l'homme, tira quelques conclusions, établit quelques formules, qui lui donnèrent de la vogue.

Condorcet, sans contredit le plus célèbre des économistes du dix-huitième siècle, constata, dans une brillante esquisse, les progrès qu'avaient faits les sciences exactes, et prétendit que la Providence, la substance de

l'âme, n'étaient que chimères, que, par conséquent, il n'y avait d'autre bonheur pour
nous que celui que nous pourrions goûter sur
la terre ; il en vint jusqu'à dire que, dans un
temps illimité, la science ferait assez de progrès pour détruire la mort. Le problème était
ainsi posé : Etant donné une société dans
laquelle on nie la Providence et la substance
de l'âme, quel est le principe qui donnera le
plus de bonheur possible. Ce problème trouva
sa solution dans les horreurs de 93, où les
philosophes battaient monnaie sur la place
publique, convertissant le sang en or sur les
échafauds.

A la fin de la république, le principe de la
philosophie matérielle fut déplacé, on quitta
pour ainsi dire les sens, pour ne s'occuper
que de l'activité de l'esprit, et on transporta les
principes philosophiques dans la politique et
la littérature. Ce fut Jérémie Bentham qui,
plein d'amour pour la liberté, entra le pre-

mier dans la lice. Il eut tant de succès que des peuples d'Amérique vinrent lui demander une constitution. Sa théorie se réduisit à cela : Il avait vu que le bonheur parfait n'était pas possible pour tous, il voulut au moins le rendre possible pour le plus grand nombre ; en sorte qu'il forma une espèce d'*El-dorado*, où l'homme devait être heureux, pourvu qu'on en bannit la peste, la famine et les passions.

Malthus, anglais d'origine, fut disciple de Bentham, lui, croyant que l'humanité était corvéable à merci, ne vit là qu'une masse compacte, matérielle, susceptible d'augmentation et de diminution, et à laquelle il appliquait tous les procédés mathématiques. Comme Bentham, il prétendit que le bonheur n'était possible que pour le plus grand nombre ; en conséquence il réduisit le peuple, et en vint jusqu'à proscrire le mariage aux prolétaires.

Jean-Baptiste Say, sortant des bornes que s'étaient données les matérialistes, fit un système, dans lequel il comprenait l'homme dans tous ses éléments, dans sa nature, dans sa morale et dans sa religion, en se bornant toujours à la terre, ou à un système utilitaire qui devait ici-bas rendre l'homme heureux.

Saint-Simon fut son disciple, et les hommes qui vinrent après lui, Bazard, Buchet et Talabot, ne firent que continuer ce système, en lui donnant une forme religieuse. Ils plaçaient Saint-Simon à côté de Jésus-Christ, lui aussi était révélateur, lui aussi devait opérer des prodiges et ramener l'âge d'or. Ils avaient vu que l'homme était puissance, intelligence et volonté, ils voulurent le développer sous ces trois aspects. En conséquence, comme dans la république de Platon, il leur fallait des magistrats, des guerriers et le peuple : les magistrats sont l'intelligence, les guerriers la force, et le peuple représente les passions. Ils empruntèrent aux religions antiques la théocratie ou le règne absolu de Dieu, et eurent un homme représentant de Dieu sur la terre, espèce de *pape* ridicule qu'ils avaient emprunté au catholicisme ; c'est lui qui devait classer chacun selon son rang et sa capacité. Ils niaient du reste l'existence du mal, tout était bien : l'homme avait fait le malheur de l'homme. Ils niaient encore les peines éternelles, l'enfer, regardant tout cela comme des inventions sacerdotales. Ils admettaient une liberté illimitée qui, dans tous les temps, avait été ôtée aux hommes par les puissants de la terre. (Cette liberté était illusoire ; car, tout en déplaçant le principe de l'esclavage, ils asservissaient l'homme à un autre homme.) Ils ne furent d'ailleurs que des copistes et des plagiaires ; Saint-Simon avait puisé son système utilitaire dans les théories anglaises ; ses disciples empruntè-

rent au catholicisme leurs plus belles idées,
et leur politique sortait de la république de
Platon. Le mal étant nié, il fallait que le
bien existât et partant le bonheur. Le christianisme avait trop asservi la chair, enchaîné
les passions, il fallait réhabiliter la matière.
Le principe de cette réhabilitation étant posé,
ils renoncèrent à leurs premiers principes et
se jetèrent dans un panthéisme illimité qui
absorbe tout en Dieu, la matière comme l'esprit; de sorte que Dieu fut dans leur esprit
un tout indéfini, inconcevable, qui, comme
l'Océan, absorbe et engloutit. Le principe
était déplacé, c'était toujours le matérialisme;
ils s'évanouirent dans leurs pensées.

Un homme existait, vivant dans un réduit
obscur; cet homme, depuis son enfance, s'é-
tait occupé d'industrie, né à Besançon, il
vivait à Lyon, c'était Fourier. A la chute des
Saints-Simoniens, il parut sur la scène, et
ses disciples continuent encore son œuvre.

Son principe est, qu'au lieu d'anéantir les passions, il faut les harmonier. De même qu'il n'y a qu'une loi pour la matière, l'attraction universelle, ainsi il n'y a qu'une loi pour les esprits, l'attraction passionnelle. Tous ceux qui ont foi, espérance, tous ceux qui ont des passions avec du génie et des capacités différentes, doivent se réunir en *cités harmoniennes ;* former des phalanges dont l'industrie sera le principal caractère, et où l'on mettra en rapport le travail, les capacités ou le talent, et le capital, et de là un bonheur parfait, bonheur qui se réalisera infailliblement, dit Fourier. Ainsi, avec des principes hétérogènes, exclusifs les uns des autres, il prétend former un tout homogène, harmonieux, un véritable Eden. Non-seulement le matérialisme se trouve dans la philosophie, la littérature et la politique, mais encore et surtout dans la physiologie.

En 1785 parut Mesmer, allemand, qui

prétendit que toutes les fonctions de l'esprit pouvaient s'expliquer par un fluide, inconnu à la vérité, mais que l'on désignait sous le nom de magnétisme animal. Avec ce fluide, on devait transporter les montagnes, ressusciter les morts, et les miracles de Jésus-Christ, disait-on, n'avaient été opérés que par ce procédé.

Vint ensuite Spurzheim, qui, abusant de la découverte de Gall, posa en principe que l'homme extérieur n'était que la saillie de l'homme intérieur ; de sorte que la forme extérieure constituant le génie, la morale et la liberté, le tout se réduisait à la surface osseuse de l'intelligence, ou plutôt à la surface osseuse du cerveau. Il ne faut pas nier l'intervention possible du système de Mesmer et de Gall dans l'étude du principe vital et dans l'éducation ; mais il faut bien se garder d'en faire dériver la pensée, de trouver là les causes du génie, et d'attribuer à ces saillies, plus ou

moins développées, les saintes pensées de
l'âme. Pour bien saisir l'affiliation du matérialisme à toutes les époques, remontons à
quelques siècles plus haut, au moyen âge,
temps où tout était en fusion, le cœur comme
l'esprit; temps où les hommes étaient encore
durs et bardés de fer; époque de foi, où ne
pas croire était le crime capital, et où l'in-
crédule n'avait à attendre que les bûchers et
les gehennes. Long-temps j'avais cru que ce
vieillard, enfermé dans un souterrain, n'était
qu'un rêveur imbécile qui cherchait la pierre
philosophale, l'*arcanum*, le secret de la nature; mais quand je vois que cette science
prend son origine en Orient, dans la Chaldée
et la Perse, et que, de tous temps, elle avait
été aux prises avec le christianisme, qu'elle
n'est rien autre chose que la philosophie de
Démocrite et d'Epicure, quand je vois les
plus grands hommes du temps, Agrippa et
Paracelse, livrés aux mêmes études, alors

j'imagine qu'il y a là autre chose. Ces hommes se cachent, parce qu'ils ont peur, mais ce sont les incrédules, les matérialistes du moyen âge. Dans ces temps de ferveur, eux, ils nient Dieu, ils nient l'âme et se plongent dans la matière; ils unissent, désunissent, combinent les molécules, ils les suivent lorsqu'elles se volatilisent. Oh ! s'ils pouvaient trouver la première molécule, l'atome, le premier principe; alors en y appliquant leur volonté, ils deviendraient créateurs, et c'est ainsi qu'ils seraient heureux par l'or et perpétueraient leur vie indéfiniment. Ces naturalistes allaient au fond du problème; plus forts, plus vigoureux que ceux du dix-huitième siècle, ils étaient les aigles du progrès, selon la matière, et la solution de leur problème devait être de rendre l'humanité riche par la transfusion des métaux, de transfigurer l'homme en le perpétuant dans la vie et dans l'or. Ainsi les doctrines du siècle ne sont pas nouvelles, c'est toujours le même combat entre la matière et l'esprit; lutte incessante qui se trouve dans l'homme, dans l'humanité et jusque dans les éléments, toujours la chair et l'esprit. Aussi voyez d'un côté les efforts de la religion et ceux de la philosophie : les patriarches en lutte avec les mécréants; Moïse aux prises avec un peuple grossier; le christianisme portant le feu sur la terre, afin de dévorer la matière; ce sont les pères d'un côté, les philosophes d'Alexandrie de l'autre; les hérétiques de tous les temps, les incrédules et les spiritualistes. C'est Abailard et saint Bernard; c'est Bossuet et Claude; c'est Saint-Simon; c'est Fourier; c'est la chair, toujours la chair et l'esprit.

CABANIS, GEORGET, BROUSSAIS.

En tête des principaux médecins matérialistes paraît Cabanis; ce philosope, ne gardant aucune mesure, publia hautement qu'il n'y avait point de Dieu, qu'il n'y avait point d'âme, que l'esprit n'était que l'effet du cerveau agissant. Dans son *Traité des rapports du physique et du moral de l'homme*, il dit : « De même que l'estomac digère les aliments, le cerveau digère la pensée ; les sensations arrivent au cerveau par le moyen des nerfs ; ce viscère entre en action, les élabore et de là la pensée. »

On ne peut se jouer, avec plus d'audace, du sens commun et de la conscience du genre humain. Ce système n'a nulle valeur pour la physiologie, puisqu'il n'explique point du tout les phénomènes de la vie ; il n'est bon qu'à favoriser le libertinage et l'athéisme. « Quoi de plus absurde que de faire du cerveau une machine à pensée, » dit M. Frayssinous dans ses conférences (tome 1er, page 132). Des impressions faites sur le cerveau ne peuvent produire que des vibrations, des ébranlements tout matériels, des mouvements. Ainsi l'estomac reçoit les aliments, il les élabore, les transforme, mais il ne change pas leur qualité matérielle; car de sa fonction avec celle des intestins, il ne résulte jamais que de la matière; donc, en suivant la comparaison de Cabanis, quand le cerveau travaillerait les impressions, qui ne sont que du mouvement, il n'en résulterait jamais que des mouvements; or, comment des mouvements sont-ils la pensée?

Le fanatisme, à cette époque, fut porté si loin que Bernardin de Saint-Pierre, chargé de faire, à l'institut de France, un rapport sur un mémoire qui avait pour but un sujet moral, en vint à parler de Dieu; toute l'assemblée, qui avait jusque-là écouté attentivement, éclate en murmures; on trépigne, on se lève, on s'indigne. Quelques-uns lui demandent où il a vu Dieu et quelle figure il a? d'autres insultent à sa vieillesse, à ses cheveux blancs, le traitant de superstitieux, de fou, et les *plus courageux* vont jusqu'à lui proposer un duel, pour lui prouver avec l'épée qu'il n'y avait point de Dieu. Cabanis, surtout, jure, tempête; Bernardin le regarde et lui dit : « Mirabeau, votre maître, eût rougi des paroles que vous prononcez. » Puis il se retire du milieu de cette foule insolente.

Cabanis pourtant était un homme savant et réfléchi. Des pensées plus aprofondies l'amenèrent à reconnaître un être supérieur, actif, intelligent, cause de tout et principe du monde. Il explique clairement son idée dans une lettre écrite à un de ses amis, quatre ans après son livre sur les rapports du physique et du moral de l'homme. (Cette lettre est insérée dans la Revue médicale, octobre 1828, n° 176.) Il reconnaît aussi le moi, principe actif dans l'homme, dirigeant nos actes bons et mauvais. Mais le dieu de Cabanis, son dieu rénumérateur et vengeur, n'était rien autre chose que l'univers intelligent, existant de toute éternité, donnant le mouvement à tout; son moi humain n'était aussi qu'un être sensible, plus délié, plus actif, mais toujours matériel.

Tous les médecins matérialistes n'ont fait que se traîner à la suite de Cabanis. Un de ses plus célèbres disciples fut Georget, qui proclamait avec fureur qu'il n'existait point d'âme spirituelle et que tout était matière. Il ne tarda pas à reconnaître son erreur; deux ans avant sa mort il fit la rétractation suivante qui fut insérée dans le journal dont il était le principal rédacteur (Archives générales de médecine, tome 17, page 155).

« En 1821, dans mon ouvrage sur la *Phy-*
« *siologie du système nerveux*, j'ai haute-
« ment professé le matérialisme. L'année pré-
« cédente j'avais publié un traité sur la folie,
« dans lequel sont émis des principes con-
« traires, ou, du moins, sont exposées des

« idées en rapport avec les croyances géné-
« ralement reçues (pages 48, 51, 52). A
« peine avais-je mis au jour la *Physiologie*
« *du système nerveux*, que de nouvelles mé-
« ditations sur un phénomène extraordinaire,
« le somnambulisme, ne me permirent plus
« de douter de l'existence, en nous et hors
« de nous, d'un principe intelligent, tout-à-
« fait différent des existences matérielles; ce
« sera, si l'on veut, l'âme et Dieu. Il y a
« chez moi à cet égard une conviction pro-
« fonde, fondée sur des faits que je crois in-
« contestables. » (Mars 1826.)

Broussais, naguère professeur à la faculté
de médecine et membre de l'académie des
sciences morales, soutenait comme Cabanis
et Georget, et à peu près avec les mêmes arguments, qu'il n'y avait point de substance
spirituelle, d'âme. Selon lui, les perceptions,
les idées, la mémoire, le jugement, la volonté, ne sont que le résultat de l'action du

cerveau, ou plutôt le résultat des différentes modifications de tout le système nerveux. La vertu et le vice dépendaient de la lutte qui s'établit entre les viscères et l'organe cérébral. Voici comment il l'explique lui-même (Traité de l'irritation et de la folie, page 246) :
« De deux choses l'une, ou l'on cède à un
« besoin instinctif (viscéral), ou l'on cède à
« un besoin intellectuel (cérébral); dans le
« premier cas, c'est la passion qui l'emporte,
« il peut y avoir vice ou crime; dans le se-
« cond, il y a vertu. A force de maîtriser le
« besoin instinctif, on peut donner l'avantage
« au besoin intellectuel et l'on tombe dans le
« spiritualisme. »

Cela se fait ainsi : le besoin intellectuel produit sur les mêmes viscères des modifications autres que celles du besoin instinctif, et alors l'homme se fait un bonheur de sacrifier à la divinité qu'il s'est faite. C'est surtout un bonheur éternel à la ressemblance de ses

désirs qui le pousse à cette extrémité. Broussais d'ailleurs ne fait pas de difficulté de ran-
ger tous les métaphysiciens à côté de ceux
qui avoisinent la folie : « Ce n'est point, dit-
« il, par esprit de critique, mais réellement
« par raison, que je mets à côté des hypo-
« condriaques, des névropathiques, tous les
« métaphysiciens. » Et en effet, selon lui, il
y a excitation nerveuse, irritation, folie,
toutes les fois que l'équilibre n'existe plus
entre le besoin instinctif et le besoin intellectuel.

Ce système détruit la liberté morale, ouvre
la porte à tous les crimes, est subversif de la
société. Il n'y a plus de mérite, ni de démérite, il faut mettre au même rang Vincent
de Paule et Lacenaire. Lorsque l'homme cède
au besoin instinctif, il suit sa nature, il obéit
nécessairement à son instinct; donc il n'y a
pas plus de liberté chez lui que chez l'animal.
Lorsqu'il cède au besoin intellectuel, c'est

encore par une impulsion matérielle, par une espèce de folie, il y a anomalie, et partant pas de liberté; donc il n'y a ni mérite, ni démérite.

Broussais, du reste, l'avoue : « L'idée de « la liberté morale, dit-il, n'est qu'une for- « mule. » — « Donc aussi l'idée de la vertu « n'est qu'une formule, » dit très-bien le baron Massias dans une réponse à M. Brous- sais.

Ce philosophe n'a pas toujours professé le matérialisme, comme l'observe M. Virey (Traité de physiologie, page 155) : « Il est « curieux, dit-il, de voir un savant profes- « seur, au dix-neuvième siècle, enseigner à « des jeunes gens qu'il n'y a ni esprit, ni « âme. M. Broussais croyait autrefois à un « principe moteur, à un élément spirituel, « et aujourd'hui il s'en défend comme d'un « péché! Son âme s'en irait-elle à mesure « qu'il traite de l'irritation et de la folie? »

Broussais admettait donc un moteur, mais ce moteur était matériel, étrange contradiction ! En effet, la matière se meut ; or le mouvement est-il ou n'est-il pas essentiel à la matière ? Tout le monde sait que par elle-même la matière est indifférente au mouvement ou au repos ; or, si le mouvement lui était essentiel, elle se mouvrait d'elle-même ; mais c'est ce qui lui est impossible ; donc il lui faut un moteur. Si ce moteur lui-même est matériel, le mouvement ne lui est pas essentiel, car rien de contingent ne peut donner l'absolu ; donc il faut une cause première du mouvement et une cause immatérielle.

Broussais, du reste, admet tantôt un moteur, tantôt il le rejette, ce qui est un moyen facile d'avoir toujours raison. Ailleurs il dit : « Qu'il n'est pas possible qu'un agent imma-
« tériel exerce une influence sur la matière
« ou sur les corps ; en conséquence tout ce
« que nous percevons est corps, tout ce qui

nous fait agir est corps; il n'y a donc que des corps. Le baron Massias répond : « Brous-
« sais admet un moteur suprême (page 555),
« c'est reconnaître un principe du mouve-
« ment et de l'action; et comme rien n'indi-
« que, dans les ouvrages de Broussais, qu'il
« ait admis un principe matériel, il s'ensuit
« qu'il se contredit lui-même. » En effet,
admettre un principe moteur, c'est admettre
une cause dont le modèle n'existe nulle part;
c'est reconnaître qu'une substance spirituelle
peut agir sur une substance matérielle, ce
que Broussais nie formellement. « Il n'est pas
« possible, dit-il, qu'une substance spirituelle
« agisse sur une substance matérielle. Ad-
« mettre une substance spirituelle, c'est ad-
« mettre une cause dont le modèle n'existe
« nulle part. » Il parle ainsi à propos de
l'existence de l'âme et de son immortalité.
Nous répondons par cet argument de J. J.
(Émile, tome 1er) : « Quand je n'aurais

« d'autres preuves de l'immortalité de mon
« âme que l'oppression du juste et le triom-
« phe du méchant, cela seul m'empêcherait
« d'en douter; la dissonnance que je trouve
« dans l'harmonie de la nature me ferait
« chercher à résoudre la difficulté; non, tout
« ne finit pas avec la vie, tout doit rentrer
« dans l'ordre à la mort. »

Cette preuve quoique indirecte a une force immense, elle a ramené plusieurs philosophes au spiritualisme; Cabanis l'emploie dans son écrit des *Causes premières*. On trouve, dans une notice historique sur Broussais, par M. Montègre, une œuvre posthume de Broussais, qui a pour titre : *Développement de mon opinion et profession de ma foi*. L'auteur s'explique ainsi : « Je sens comme tout
« autre qu'une intelligence a tout coordonné;
« mais je ne puis en conclure qu'elle a tout
« créé, parce que je ne puis concevoir une
« création absolue; je n'en conçois que de

« relatives, elles sont la modification de ce
« qui existe; j'en trouve la cause dans un
« nouvel arrangement des molécules ou ato-
« mes et des fluides impondérables qui font
« varier leurs activités. Je ne sais d'ailleurs
« ce que c'est qu'atomes, ce que c'est que
« fluides impondérables; ni les physiciens,
« ni les chimistes n'ont encore dit le dernier
« mot là dessus. Je craindrais donc de me
« représenter des chimères; ainsi je reste
« avec le sentiment d'une intelligence ordon-
« natrice que je ne puis appeler créatrice,
« quoiqu'elle doive l'être.

« Je ne crains rien, ni n'espère rien pour
« la vie future, je ne saurais me la repré-
« senter. On a beau me dire : « La nature
« n'a pu se faire elle-même; donc il lui a
« fallu un Créateur. » — « Je réponds à tout
« cela que je ne conçois pas comment la na-
« ture a pu être créée; dès que j'ai su par la
« chirurgie que du pus accumulé à la surface

« du cerveau en paralysait les facultés, et
« que l'évacuation de ce pus les faisait repa-
« raître, j'en conclus que nos facultés n'étaient
« que le cerveau agissant ; quoique je ne susse
« ni ce que c'était qu'un cerveau agissant,
« ni ce que c'était que la vie. Ainsi mes étu-
« des anatomiques ne m'ont rendu ni plus
« ni moins croyant, c'est-à-dire ni plus ni
« moins capable de me figurer, avec convic-
« tion, un Dieu opérant comme un homme
« multiplié, et une âme faisant mouvoir un
« homme. »

On conçoit que ces doctrines aient eu une influence funeste sur toute la jeunesse qui affluait aux leçons de Broussais. Presque tous étaient de jeunes étudiants en médecine, qui, avec un cœur droit, des pensées généreuses, mais peu religieux, peu versés dans les études philosophiques, saisissaient avidement, sans examiner le pour ou le contre, une doctrine qui d'ailleurs lâche la bride à toutes les passions.

Broussais ne croit pas à la vie future, c'est-à-dire qu'il veut rester seul contre tout le genre humain qui a toujours pensé le contraire. Il ne croit que ce qu'il conçoit; mais, d'après son aveu, il ne conçoit ni le cerveau ni la vie, et il croit au cerveau et à la vie, puisqu'il a tant écrit sur la vie; ses écrits ne seraient-ils que des mensonges? Enfin Broussais ne conçoit pas un Dieu opérant; il ne conçoit pas une puissance créatrice; il ne conçoit pas le cerveau agissant; il ne conçoit pas la vie, et, de toutes ces inconnues, il en tire l'inconnue de son problème qu'il appelle sa profession de foi. Elle se traduit ainsi :

« Je ne connais rien, je ne conçois rien, et
« je ne crois rien. »

PHRÉNOLOGIE DE BROUSSAIS.

Broussais, dans ses dernières années, s'était fait phrénologiste; il a consigné sa doctrine dans un livre de 850 pages, factum énorme, où il ne se propose rien moins que de réformer la philosophie, la morale, la religion, la société. Dans cet ouvrage, il fait du matérialisme, de l'animalité toute pure; il combat les doctrines spiritualistes et morales de Descartes, de Mallebranche, de Pascal, de Leibnitz, de Bonald. Les croyances du genre humain ne sont pour lui que des chimères. Machiavel ne pensait pas ainsi, lorsqu'il écrivait (Réflexions sur Tite-Live, chap. 2) : « Le respect pour la religion est le garant de la prospérité d'un état; au contraire, le mépris de la religion est la cause la plus certaine de la décadence d'un royaume. »

La phrénologie de Broussais, la plupart du temps, est inintelligible. « Il n'a, dit la Gazette médicale (1836), ni l'intelligence des questions qu'il traite, ni l'intelligence des systèmes qu'il soutient ou combat, ni l'intelligence de la langue dont il fait usage. Il

aborde toutes les questions, met en scène
Reid, Berkeley, Descartes, Laromignière, il
les estropie, les déchire en lambeaux pour
leur faire dire ce qu'il veut; il ne se doute pas
même, en abordant les plus hautes questions,
qu'elles ont occupé les savants et les philosophes de tous les âges, il les traite toutes, les
tranche avec un aplomb inqualifiable; il lui
a suffi, pour devenir philosophe, moraliste,
théologien, car sa phrénologie comprend tout
cela, de dire que ce n'était là que de la phrénologie. Nous ne le suivrons pas avec détail
dans le cours de son système; nous ferons
seulement quelque réflexion sur ce qu'il a dit
de la morale et de la religion. »

A la page 465 on trouve ces paroles :
« L'homme a la liberté si ses organes du moi
et de la volonté, dans lesquels réside cette
faculté, sont forts; il ne l'a pas s'ils sont faibles; il ne sera libre que pour les actes indif-
férents; mais, pour les actes importants, il se

livrera sans frein à toutes ses passions. Ainsi l'avare pourra dire : Je renonce à mes trésors ; mais il ne le fera pas. Le libertin, à qui l'on reproche ses excès, dira : Je vais me corriger ; mais il ne se corrigera pas. »

Voilà donc d'après Broussais l'homme libre ou non, selon que ses organes sont forts ou faibles. Ce système n'est rien autre chose que le fatalisme. L'homme dont les organes sont forts, et qui est libre par conséquent, n'en a aucun mérite ; au contraire, l'homme dont les organes sont faibles ne doit pas être blâmé ni puni, ce n'est pas sa faute. Ainsi, le voleur, l'assassin, le fanatique religieux ou politique, doivent être plaints, mais non châtiés. La société, avant de sévir contre eux, doit chercher dans leur cerveau si leurs organes sont forts ou faibles ; et si leurs organes sont faibles, elle doit les renvoyer absouts. Ils ne sont pas coupables, puisqu'ils n'ont pas de liberté ; comparables en tout au frénétique qui aurait tué son médecin dans un accès de délire.

Au chapitre des cultes, Broussais dit qu'il faut les réformer tous. Nous en concluons qu'il ne faudrait pas les réformer tous, mais bien les abolir tous. En effet, Broussais nie l'immortalité de l'âme ; il traite même de superstitieux à l'excès ceux qui y croient. Or nous le demandons : Qu'est-ce que la religion sans l'immortalité de l'âme ? une imposture, une fiction, un mensonge. On dira : mais il la faut pour le peuple ! Nous répondrons avec Montesquieu (Esprit des lois, chap. 24) : « Quand les peuples n'auraient pas de religion, il serait nécessaire que ceux qui les gouvernent en eussent, et qu'ils blanchissent d'écume le seul frein qui reste à ceux qui méprisent les lois humaines. » Il suit de ces paroles que la religion est aussi nécessaire aux grands qu'au peuple, pour le moins, voire même aux philosophes.

Tous, d'ailleurs, veulent de la morale ; ils font même au Christ l'honneur de lui dire, que sa morale est la plus belle, la plus pure qui ait jamais été. La morale ! disent-ils, oui la morale ! pour le dogme s'en accommode qui voudra. A tous ces parleurs de morale, nous répondons avec J. J. : « Philosophe, c'est fort bien ! mais cesse un peu de battre la campagne ; où est ton poul-shero ? ce qui veut dire : où est la sanction ? Nous ne craignons pas de l'avancer : sans le dogme, la morale même du Christ est vaine, et Jésus ne fut qu'un imposteur, comme tous les philosophes passés, présents et à venir. J'aimerais mieux qu'ils tinssent ce dernier langage. Pourquoi louer notre divin maître dans un sens et le blasphémer dans l'autre ? Quand on blâme, on ne loue pas ; quand on insulte, on flétrit, on ne déifie pas : donc l'immortalité niée, pas de religion, pas de morale. Ainsi il ne faut pas réformer les cultes, il faut les abolir.

Ajoutons un mot sur la conscience; Broussais la définit : le sentiment du juste et de l'injuste, du devoir et de l'obligation morale : Elle est, dit-il, en proportion avec le développement de son organe. Il accorde aussi au chien une esquisse de conscience. Il y a donc aussi dans le chien une esquisse de moralité, et par conséquent aussi une esquisse de rapport entre le genre *canis* et le genre *homo* : c'est le langage de Broussais. Il est temps, dit-il, de faire disparaître cette barrière infranchissable qu'une classe d'hommes a voulu élever entre l'homme et les animaux, pour se séparer de plus en plus de l'animalité; il est temps d'établir les vrais rapports : le chien aime, vénère, respecte son maître ; il a la mémoire, la réflexion, le jugement; car le tout réside dans la sensation, et le chien a la sensation comme l'homme.

Son confrère en philosophie, Diderot avait déjà dit : « Entre l'homme et le chien, il n'y a de différence que l'habit. » Ainsi l'on voit que les animaux gagnent beaucoup dans le système des matérialistes, mais que les hommes perdent dans le même rapport. Cependant on étouffait aux leçons de Broussais, et les jeunes médecins le proclamaient le coryphée de la doctrine. Ne pourrait-on pas, et avec beaucoup de raison, ce semble, leur appliquer le brillant axiome que l'on prête si gratuitement, si niaisement, à saint Augustin : *Credo quia absurdum.* La phrénologie de Broussais est entortillée, indéchiffrable, inintelligible, et c'est probablement ce qui lui a valu tant de célébrité. On n'y découvre qu'un but, un seul but, celui de tout renverser, en médecine, en philosophie et en religion, pour édifier à son tour un système, vaille que vaille. Il aurait bien fait d'énumérer les 25 organes de Gall, ou les 37 de Spurzheim ; car sa phrénologie n'a rien de plus que la phrénologie courante, que celle de Gall et de

Spurzheim. Qu'il nous parle donc lui, ou ses disciples après lui, du cerveau, des circonvolutions, des fibres divergentes ou convergentes ; c'est au moins là de l'anatomie, de la physiologie si l'on veut, mais qu'il laisse Platon et ses idées, Aristote et sa logique, Descartes et son *cogito,* les Anglais, les Ecossais et les Allemands, ce n'est pas là son affaire.

PHRÉNOLOGIE.

La phrénologie est loin d'être chose neuve ; voici ce qu'écrivait saint Bonavanture, il y a seulement quelques quatre ou cinq siècles : « La disposition des parties, dont l'ensemble constitue le corps humain, offre de nombreuses variétés qui, interprétées avec art, semblent correspondre avec diverses dispositions de l'âme..... Nos maîtres, dans cet art d'interprétation, sont Aristote, Avicenne,

Constantin, Palemon, Loxus; nous marche-
rons à leur suite. La grosseur de la tête, lorsqu'elle est démesurée, est un indice ordinaire
de stupidité; sa petitesse extrême trahit l'ab-
sence du jugement et de la mémoire. Une
tête plate et affaissée par le sommet annonce
l'incontinence de l'esprit et du cœur; allon-
gée et de la forme d'un marteau, elle a tous
les signes de la prévoyance et de la circons-
pection. Un front étroit accuse une intelligence indocile et des appétits brutaux; trop
élargi, il indiquerait peu de discernement....
s'il est carré et d'une juste dimension, il est
marqué au sceau de la sagesse et peut-être
du génie. En général quand toutes les parties
du corps gardent leurs proportions naturel-
les, et qu'il règne entre elles une parfaite
harmonie de formes, de mesures, de couleur,
de situation, de mouvement, il est permis
de supposer une disposition non moins heu-
reuse des facultés morales; et réciproque-

ment la mauvaise disposition des membres laisse aisément soupçonner un désordre pareil dans l'intelligence et la volonté. On pourra même dire avec Platon que souvent nos traits portent la ressemblance de quelque animal, dont notre conduite reproduit aussi les mœurs. Mais il faut se souvenir que les formes extérieures ne marquent pas au coin de la nécessité les caractères intérieurs qui leur correspondent; elles ne sauraient détruire la liberté de l'âme dont elles indiquent les tendances. Encore la valeur de ces indices est-elle seulement conjecturale et quelquefois incertaine; de façon qu'en cette matière, ce serait témérité de précipiter son jugement, car l'indice peut se trouver accidentel; et s'il est l'ouvrage de la nature, l'inclination qu'il représente peut céder à l'ascendant d'une habitude opposée, ou se redresser sous le frein modérateur de la raison. »

Ce qu'on appelle aujourd'hui *phrénologie*,

autrefois *organologie, crânioscopie, cérébros-copie,* n'est autre chose que le système de Gall. Il consiste à expliquer l'homme et ses facultés, tant intellectuelles que morales, par les bosses, les saillies, les dépressions du crâne. Ce système mène droit au matérialisme; il met l'activité dans l'organe et fait ainsi l'instrument cause de l'activité. Nous rejetons le principe, sans rejeter la phrénologie, quoiqu'elle n'ait encore aucune valeur scientifique et qu'elle en soit à ses éléments. L'âme nous semble, par son activité, pouvoir modifier tel ou tel organe, de sorte qu'il devienne l'indice d'une faculté plus ou moins développée. Posons quelques principes : Dieu est présent à tous les êtres, soit spirituels, soit matériels, et, dans ces derniers, il est présent dans chacune de leurs parties; l'âme étant à l'image de Dieu, doit avoir quelques rapports avec lui, dans sa manière d'exister avec les corps. Ainsi elle est présente à tout le corps et principalement au cerveau qu'elle domine et sur lequel elle réagit pour mettre en mouvement tout le système nerveux, pour recevoir la sensation et la percevoir ; elle est présente à toutes les parties du corps qu'elle régit par la force sensitive. Si l'on me demande où est l'âme, je répondrai qu'elle est au corps comme Dieu est aux êtres, qu'elle n'a pas de lieu spécial. Si l'on me dit qu'elle est dans le corps, je réponds que c'est le corps qui est dans l'âme, comme nous sommes en Dieu : *in ipso vivimus, movemur et sumus.* Si l'on désire savoir comment elle agit sur le cerveau et sur le corps, je réponds que cette question est insoluble, tant aux métaphysiciens qu'aux physiologistes. Mais l'âme est une, indivisible, simple, immatérielle, et son action aussi est une, indivisible, immatérielle ; donc on ne peut pas la localiser dans un organe plutôt que dans l'autre. L'être qui juge est essentiellement un, essentiellement simple, c'est lui qui donne le mouvement à la masse cérébrale, aux nerfs, et met en jeu tous les organes.

D'après les phrénologistes, les organes ou le corps, l'instrument, la machine, auraient en eux-mêmes l'activité, le mouvement, d'où il suit que ce système mène droit au matérialisme. Leur morale est le fatalisme; leur code pénitentiaire, la tolérance absolue; la religion est une chimère. Il est à remarquer que les plus grands physiologistes français ne se sont pas occupés de phrénologie, ou n'en ont parlé qu'avec dédain : tels, Cuvier, Flourens, Dutrochet et Duméril; en Angleterre, on ne trouve que M. Combes qui y donne quelque importance; et en Allemagne, berceau de la crâniologie, on en connaît aujourd'hui à peine le nom.

Les faits d'ailleurs déposent contre ce système : Fieschy, au lieu de l'organe de la ruse et de la destructivité, avait l'organe de la bonté; Lacenaire, voleur de profession (il avait pris part à sept assassinats), avait l'organe de la bienveillance, de la théosophie au plus haut degré; Avril avait l'organe de la justice. Du reste le mouton a l'organe de la théosophie aussi développé que l'homme; donc il devrait être religieux. Quand on se livre avec trop d'énergie aux travaux de l'esprit, de l'étude, de la réflexion, de la méditation, on éprouve constamment, vers le milieu du front, une gêne, une douleur, un embarras; or les calculateurs, les mathématiciens, au lieu de rapporter la douleur au milieu du front, devraient la rapporter derrière l'angle externe de l'œil, où est l'organe du calcul; de même le poëte devrait la rapporter au-dessus des tempes, où est l'organe de la poésie.

La phrénologie n'est donc d'aucune utilité, et, jusqu'à ce jour, n'a aucune valeur scientifique; tout au plus elle est bonne à distraire les esprits inoccupés et amis du merveilleux. Nous dirons cependant que l'homme naît avec des aptitudes intellectuelles, morales et physiques qui lui sont propres. *Par aptitudes*, nous entendons *des dispositions* à faire telle ou telle chose. Tel homme, d'après ses dispositions intellectuelles et morales, se livrera aux travaux de l'esprit, s'y complaira; tel autre, au contraire, n'y trouvera qu'ennui et dégoût. Celui qui sera né avec un tempérament lymphatique, sera porté au repos, à l'indolence; tel autre, au tempérament nerveux, sanguin, sera bouillant, plein d'activité. Les causes de ces dispositions sont la providence surnaturelle de Dieu, l'éducation, le gouvernement. Ainsi l'homme étant esprit a des aptitudes intellectuelles et morales; ayant un corps, il a des aptitudes physiques. Les unes peuvent modifier les autres et exercer une très-grande influence, selon le mode d'éducation, le vivre, etc.... c'est-à-dire que la chair ou les organes peuvent dominer l'esprit, ou l'esprit prendre le dessus, selon que l'on use bien ou mal de sa liberté.

L'âme régit le cerveau et tout le système nerveux ; de là elle peut dominer les facultés physiques. Les facultés morales et intellectuelles semblent résider plus spécialement dans la partie antérieure de l'encéphale ; dans la partie postérieure, au contraire, siégent les aptitudes physiques. *L'encéphale est toute la masse cérébrale contenue dans la boîte osseuse du crâne.* Il a deux parties : la partie antérieure, coronale ou frontale ou pariétale ; la partie postérieure comprend l'occiput et le vertex. Dans l'enfant, comme dans les peuples moins civilisés, c'est la partie postérieure qui domine. Pour apprécier le plus ou moins de volume de la partie antérieure, ainsi que de la partie postérieure, et de là en conclure les divers degrés d'intelligence chez un individu ou chez un peuple, on a imaginé des angles; le premier est l'angle de Camper ou angle facial, on le mesure en menant une verticale des dents incisives à la partie la plus élevée du front, et une ligne horizontale des mêmes dents au conduit auditif. Selon qu'il est plus ou moins grand, on a plus ou moins d'intelligence. Il est de 80° chez l'Européen, plus petit chez toutes les autres nations. Daubenton a aussi imaginé un angle occipital pour mesurer la partie postérieure de la tête. Cuvier pense que ces angles ne donnent même pas de probabilité; d'autant plus que chez l'enfant la tête n'est pas développée, et chez le vieillard elle se déprime. Aussi préfère-t-il la comparaison des aires de la face et du crâne; il a trouvé que chez l'Européen l'aire du crâne était quadruple de celle de la face, tandis que celle du Nègre a déjà 1/5 de moins.

SPIRITUALISME.

Grâces au ciel, nous avons d'autres expressions des espérances humaines ; nous avons un autre progrès que les matérialistes ; nous nous élevons plus haut, pour voir plus loin dans l'horizon de la destinée humaine. Ce monde terrestre, dans lequel s'ébat et se joue la scène de la vie, est trop étroit pour contenir la destinée de l'être immortel. C'est donc le ciel qu'il faut chercher à travers les successives évolutions terrestres, en saisissant le rayon bienfaiteur ; car là seulement se trouve le repos des générations incessamment en marche pour ne s'arrêter que dans l'amour infini, l'amour du Christ. Connaissant le prix de l'âme et la grandeur de l'intelligence, ce n'est donc pas sans raison que nous avons pris à tâche de relever l'humanité compromise par les systèmes utilitaires et tout matériels de nos jours. D'ailleurs les adorateurs de cette utilité matérielle, lorsqu'ils prévalent, méritent d'être frappés d'anathème, car ils sont les rétrogrades de l'humanité. Le bonheur réel, la morale, les lois, leur sanction, tout se trouve dans le spiritualisme, assis sur de véritables bases et des fondements inébranlables ; or le spiritualisme est dans la foi. Je pose ceci en principe, et c'est une formule, une loi, l'idée mère du chrétien, la pensée qui ressort de l'Evangile. Quant est-ce donc qu'un système est plus près de la vérité, plus près de remuer les montagnes, d'entraîner les masses intelligentes ; c'est lorsqu'il se place sur le roc solide et à fleur de terre, sur lequel l'orthodoxie chrétienne maintient ses dogmes inaltérés aux regards de ces inflexibles adorateurs.

St. Augustin, dans le *Traité de la cité de Dieu* (livre 10, chap. 14), distingue plusieurs âges dans la vie du genre humain qui lui apparaît comme un seul homme formant lui-même son éducation, croissant, se développant à travers les siècles, et préludant ici-bas à cette éternelle perfection, à laquelle, en sortant du perfectionnement terrestre et temporel, il doit parvenir. Voilà déjà les hautes conceptions d'ordre providentiel, d'avenir, d'humanité, appuyées sur une base large et d'une portée plus élevée que celle de tous les matérialistes passés et présents, parce que cette théorie, au lieu de demeurer vague, sans consistance, sans vertu, se ramène à une unité de vue, et rentre dans le vaste lit creusé par la Providence aux voies préparatoires et conservatrices de la révélation. De sorte que nous, hommes déchus de l'avenir par le crime primitif, *vitio parentum*, jetés au vent comme des feuilles fugitives et séchées, mais destinées à reverdir, nous pouvons nous relever avec un juste orgueil, dominer du regard le temps qui nous entraîne dans son cours, et prolonger, par la pensée, nos racines dans les temps évanouis; car nous concevons, avec pleine clarté, l'ordre providentiel qui n'a point clos notre destinée, dans la rapidité de notre passage terrestre, dans ce point fugitif jeté entre l'éternité du néant et l'éternité de la vie. Nous concevons cet ordre divin qui, nous faisant voir dans l'établissement de la religion le sceau de notre réparation, nous fait en même temps comprendre que le grand ouvrage de la réparation des hommes, accompli de Dieu au milieu des temps, est véritablement le point culminant de l'édifice auquel tout se rapporte, et comme le centre lumineux du cercle éternel dans lequel Dieu a resserré le genre humain : et le genre humain lui-même qu'est-il ? qu'une race de frères, une race de fils du même Dieu qui les tient captifs et enfants dans ce monde, dans ce berceau universel, en attendant le jour immuable et sans fin de la complète émancipation. Le monde, qu'on nous passe cette figure, peut être comparé à une pièce de théâtre dans laquelle il y a prologue, drame, épilogue, c'est-à-dire une chaîne d'événements qui s'interprètent les uns par les autres, et dans laquelle aussi toute chose se rapporte à un point fixe, partout et toujours pressenti, qui s'appelle le nœud.

Or, ce nœud mystérieux, redoutable, caché à un si grand nombre d'acteurs s'ignorant eux-mêmes, ce nœud du grand drame que le genre humain représente jour par jour, c'est l'accomplissement du mystère de la révélation chrétienne considéré dans ses trois actes principaux : la chute de l'homme en Adam, sa réparation en Jésus-Christ et la consommation finale que nous attendons, selon la promesse, dans l'époque inconnue qui verra s'évanouir le nœud mortel et se lever le monde invisible, le règne de Dieu.

Ce drame enfin, c'est l'édification du temple mystique de la cité divine à travers les luttes constantes, contre la nature physique et morale, que les ouvriers de la cité céleste ont à soutenir dans le travail passager et symbolique de la cité terrestre. L'illustre docteur a pour objet, dans son traité, d'établir la ligne parallèle des deux cités dont l'une traverse le monde et s'y ensevelit, cité essentiellement terrestre où règnent les passions, où s'agitent les intérêts fugitifs, multiples, évolutifs, plutôt que progressifs de l'humanité ; et l'autre, cité céleste, cité spirituelle qui traverse aussi la terre, mais ne s'y enchaîne pas, la dédaigne, la fuit, et se sert de cette vie éphémère comme d'un moyen pour arriver au but auquel est appelé l'homme et la race de l'homme. Le Tasse, dans sa *Jérusalem délivrée*, ouvrage si peu estimé de Boileau, avait les mêmes idées que saint Augustin. Voyez ces mille guerriers qui vont à la conquête de la Terre-Sainte ; ils ont à combattre les passions et les vices, le farouche, l'épais Musulman, pour arriver à la Jérusalem terrestre, image de la Jérusalem céleste. C'est l'esprit aux prises avec la chair ; le combat se fait sur la terre ; on a pour étendard la bannière du Christ qui attend au ciel les vaillants dans la gloire. Il faut lire cet ouvrage, avec ces idées saintes, et l'on traversera, sans péril, les scènes brûlantes que l'imagination du poëte a jetées dans le récit. Saint Augustin, non plus dans le *Traité de la cité de Dieu*, mais dans celui *de la vraie religion*, expose admirablement la conduite de Dieu par rapport à l'humanité, dont les principes constitutifs ne se trouvent que dans la vraie religion, le but suprême de toutes les œuvres du Créateur. Il fait voir comment la sagesse de la Providence a conduit la multiplicité de événements humains, ainsi que des fils invisibles, et comment elle prédispose les élévations et les chutes

des rois et des royaumes vers l'accomplissement des destinées religieuses, dont l'apparition du Messie dans l'univers a été le centre
universel. Sublime point de vue, qui est à
la fois une philosophie et une théologie de
l'histoire, et qu'après tant d'apologistes et
d'éloquents athlètes du christianisme, le grand
Bossuet a résumé avec tant de génie dans son
célèbre discours sur l'histoire universelle.

Cependant des écoles se sont élevées ; elles
ont pour but de découvrir les lois fixes et
immuables, qui doivent, selon elles, régir
l'humanité et présider à son développement.
Leur principe fondamental est l'analogie des
événements, aux mêmes âges, des diverses
nations. L'on ne saurait douter qu'il existe
un principe moteur, un développement pour
les nations, un but certain et final. Mais
pourquoi le chercher ailleurs que dans le
christianisme, puisque ailleurs il est encore
à trouver, comme ils l'avouent eux-mêmes ;

voici leurs paroles : « L'astronomie du monde
« moral, la philosophie de l'histoire qui a
« trouvé son Gallilée dans Bossuet, son Kepler
« dans Kant, a encore besoin d'un Newton
« qui en marque le point de départ, la car-
« rière et le but. » Il doit en être ainsi chez
des philosophes dont les théories sont toutes
matérielles ; ils ne veulent d'autre gloire que
celle d'identifier l'homme avec sa nature la
plus grossière. Eh pourtant ! l'Homme-Dieu
s'est transfiguré sur le Thabor, image et modèle de la transfiguration de l'homme terrestre et mortel ?

A la tête de ces hommes se présente le
Napolitain Vico ; viennent ensuite successi-
vement Kant, Herder, Lessing, Condorcet,
Schlégel. Ce dernier se rapproche beaucoup
de la philosophie catholique, tandis que les
autres, dans leurs systèmes plutôt panthéis-
tiques que divins, en interprétant les destinées humaines, oublient le double élément

qui fait la vie, l'essence, qui constitue la personnalité des individus et des peuples, je veux
dire l'intelligence et la liberté.

Voici venir un illustre contemporain, génie
français, métaphysicien sublime, Ballanche ;
il évoque le génie des temps antiques, il possède
le secret des âges évanouis, il en a reçu le souffle
inspirateur ; disciple de Vico, il ne s'enferme
pas dans le cercle étroit du maître, il pro-
longe, il agrandit la formule du progrès hu-
manitaire. La pensée de ce théosophe se ramène à une grande conception d'unité : là
apparaissent les chants des poëtes, formes
indécises, vagues émotions de l'âme qui, se
répandant sur toute surface, lui donnent
leur lumière et leur couleur ; là aussi les traditions religieuses apportent leur tribut. Tout
cela descend en lui sans efforts, par jet simul-
tané, s'absorbe, se fond et rejaillit en pures
et saintes pensées.

Le monde est déchu ; sorti pur et parfait

des mains de l'auteur des choses, il a été altéré, dégradé, rejeté de la vie, par le mal entré en lui avec le premier pécheur; mais aussi ce monde a été relevé, réparé, ramené à l'unité par la volontaire immolation du Christ. C'est là le thème universel dont toutes les théologies anciennes et modernes, profanes et sacrées, reproduisent l'empreinte plus ou moins effacée, plus ou moins transparente. Il devait donc mourir ce monde de l'humanité, ayant rompu la chaîne d'attraction qui le retenait dans l'unité avec son auteur. Mais l'intervention du sacrifice éternel a comblé l'abîme. L'homme a vécu à condition qu'il travaillerait avec effort pour remonter à la lumière dont il est descendu.

On voit ici la première vérité du dogme chrétien; Ballanche en a fait son point de départ. D'autres écrivains, Pascal, Saint-Martin, et de nos jours Baader et Gœrres à Munich, l'ont creusé avec plus de profondeur et en ont fait sortir une psychologie transcendante, dans laquelle ils ont planté, comme sur un sol producteur, l'arbre révéré du catholicisme. Ballanche s'est surtout attaché à faire voir les effets de la chute et de la réparation dans la société, de même que les écrivains et les prédicateurs catholiques représentent cette pensée dans l'individu, sous le symbole du vieil homme rétabli et renouvelé par la grâce. Ainsi le monde social, aussi lui, est condamné à suivre ou à subir les mêmes phases que celui de la vie individuelle, à marcher sa voie entre ces deux pivots extrêmes, la déchéance et la réhabilitation. Car le monde social, c'est le monde moral considéré dans l'ensemble des intelligences et des volontés, au lieu d'être pris sous la forme primitive d'une même individualité. La société aurait donc reçu la loi de se perfectionner indéfiniment, en parcourant avec travail, de cercle en cercle, et dans une progression directe, le chemin de la civilisation. La société serait donc mystiquement l'homme chrétien se développant dans la chaîne des générations, se dégageant comme la chrysalide de son enveloppement primitif, passant du vieil homme à l'homme nouveau, s'édifiant elle-même et marquant chacune de ses évolutions par une grande douleur, une grande expiation. Toujours d'épreuves en épreuves, d'expiations en expiations, le monde, comme un grand voyageur qui gravit les montagnes après les montagnes, traverse tout le chemin que Dieu lui a tracé entre la chute et la complète réparation. Au bout se trouve le perfectionnement, lequel deviendra aussi grand que possible, lorsque la mission du Christ, qui est venu briser nos chaînes, s'accomplira de plus en plus dans le monde; puis la grande, la dernière expiation arrivera, lorsqu'il n'y aura plus de foi sur la terre, et que le Christ apparaîtra pour juger.

Il y a des moments de transition, alors un malaise saisit les peuples, les croyances sociales semblent s'éteindre, une partie des hommes vit encore dans le passé, pendant que l'autre s'avance dans l'avenir. Telles sont les époques qui précèdent et suivent les révolutions. Les révolutions elles-mêmes sont des moyens providentiels pour renouveler la terre.

Dans sa ville des expiations, Ballanche voit le monde purifié, la peine de mort est abolie, que faire des criminels? ils seront placés dans une ville où, subissant la dernière épreuve, ils seront ramenés à la vertu, de laquelle ils sont déchus, où le châtiment sera un moyen de réforme, où ils marcheront avec la cité universelle vers le bien, le bien qui finira par envelopper d'un réseau doux et involontaire l'espèce humaine entière, parvenue à son sommet palingénésique. Plût au ciel que cela s'accomplit! jamais il n'existera une société, sur la terre, dans laquelle on verra les criminels ramenés au bien par un semblable régime pénitentiaire. Ballanche, comme Lamartine, rêve l'abolition de la peine de mort, ils puisent même leurs arguments dans la religion. La peine de mort, comme toutes les lois pénales, dérive du dogme chrétien, l'expiation. L'homme ne peut jamais tuer l'homme, à Dieu appartient la vie; c'est pour cela que, dans les sociétés matérialistes, la peine de mort est une monstruosité; tandis qu'au contraire, d'après les lois divines, le coupable, par la mort, expie son crime sur la terre, à Dieu appartient le reste. L'abolition de la peine de mort mène ces philosophes droit à conclure que Dieu lui-même ne peut pas donner la mort éternelle, ou que les peines, après la mort, ne sont pas éternelles; mais cette croyance est un dogme promulgué par le Christ, le plus doux entre les enfants des hommes; donc silence à la philanthropie, silence en face de Dieu!

Suivons plutôt M. de Ballanche dans sa *Vision d'Hébal*. Là il fait, dans une revue rapide et comme sous l'influence du vertige et de l'extase, l'histoire universelle de la race humaine ; puis, se projetant dans l'avenir infini, il achève sa pensée et se perd dans la contemplation des temps derniers, où la perfection indéfinie de la terre sera devenue la perfection infinie du ciel. On comprend un système de perfectibilité qui parle de se réaliser dans l'homme religieux, dans l'homme immortel. Ainsi ce philosophe avait pris pour son point de départ le premier chapitre de la Genèse, et il couronne son œuvre par la promesse que nous avons dans la rédemption du Christ....

Ballanche fut disciple de de Maistre ; il admet avec lui la sublime solidarité qui fait la vertu du sacrifice chrétien ; mais il pense, lui, que le sacrifice de Jésus a tout accompli. Je ferai observer à ce sujet que, parmi les

défenseurs mêmes de la religion, il y en a
plus d'un qui, ne consultant que la raison,
ou je ne sais quel penchant du cœur mal entendu, tombent souvent dans de graves erreurs, et ces erreurs, comme elles tiennent
au fond même de la religion, peuvent conduire à des abîmes. Ainsi la plupart ne regar-
dent la grâce que comme une restauration de
la nature déchue, la révélation et la foi que
comme une restauration de la raison naturelle ; de là naissent des théories plus ou
moins vraies. Sans doute la grâce est une
restauration de la nature déchue, mais elle
est plus encore et ce plus est le principal ; et ce
principal une fois méconnu, il en résulte de la
confusion dans tout le reste, et de là le rapide
et profond égarement du génie une fois four-
voyé. Depuis trois siècles il y a lutte entre la
foi et la raison, la théologie et la philosophie,
la révélation et le naturalisme ; or, pour tout
concilier, la raison humaine s'est mise à

l'œuvre, et souvent elle a contredit l'enseignement de la religion, faute de s'en tenir à la règle infaillible, l'enseignement de l'église. Peut-être ces reproches peuvent s'adresser à M. de Ballanche. L'homme réparé a encore besoin que Dieu demeure en lui pour lui inspirer le bien, pour lui reprocher jusqu'au moindre mal, pour l'attirer par ses promesses, pour le retenir par ses menaces, pour l'attendrir par son amour, et c'est ainsi que l'homme s'élève, s'accroît, se perfectionne, devient digne de la cité céleste. Mais, sans cette lumière de Dieu, l'homme n'est que ténèbres; il ne peut faire aucune bonne œuvre qui mérite le ciel, son cœur devient pervers et son esprit s'éloigne du vrai. Oui tout a été accompli par le Christ, mais il faut encore le don que Dieu nous accorde de sa propre bonté, pour nous aider à vaincre le mal, faire le bien et mériter le ciel.....

DIEU ET L'HOMME.

Tous les peuples ont connu la cause la plus universelle ou *Dieu*, l'effet le plus universel ou l'*homme* : universel, puisqu'il renferme l'esprit et la matière, hors desquels il n'y a rien dans l'univers; universel encore, parce que tout se rapporte à lui comme objet de ses pensées ou sujet de son action. Mais ces deux termes extrêmes de tout le système des êtres, la cause et l'effet, partout pensés, partout nommés, ces deux termes en rapport nécessaire, puisque le mot d'effet exprime par lui-même un rapport à la cause, et le mot de cause un rapport à l'effet; ces deux termes donnent-ils aux hommes les lumières sur la nature de leurs rapports avec Dieu? Non, témoins les païens et les idolâtres. — Quel est donc le moyen de leur relation avec l'Être suprême, ou plutôt par le moyen de quel être la grandeur de Dieu, être général, se proportionne-t-elle à la faiblesse de l'homme, être particulier et local, et l'infirmité de l'effet à la perfection de la cause? Ce fut là le grand énigme de l'univers, dont la solution fut *un scandale aux juifs et une folie aux gentils.*

L'homme, dès son origine, avait une connaissance des deux termes extrêmes de l'univers, *Dieu et l'homme*, la cause et l'effet. Mais, pour établir entre eux une proportion qui fut le fondement de l'ordre général et particulier, il fallait un terme moyen, *rapport* ou *raison* entre les deux autres, un être *medius* ou *médiateur;* car il n'y a en général de rapport connu et de proportion déterminée, que lorsque les trois termes de toute proportion, extrêmes et moyens, sont connus. Aussi la religion chrétienne est-elle contenue tout entière dans ces trois termes; car elle n'est rien autre chose que la connaissance du rapport entre l'extrème puissance de Dieu et l'extrême infirmité de l'homme, et du moyen de leurs relations. C'est aussi dans cette connaissance qu'est la raison de toute société.

Or l'être moyen ou médiateur était attendu des nations, comme le rapport nécessaire et le moyen d'union entre Dieu et l'homme : nous le voyons, dans les livres hébreux, promis au genre humain, et cette promesse, toujours subsistante dans la société où Dieu et l'homme étaient le mieux connus, formait le dogme fondamental et constitutif. On l'attendait sous le nom de *messie* ou d'*envoyé ;* cet être médiateur était celui qui devait unir l'homme à Dieu, qui devait être le rapport entre eux. Mais les êtres ne nous sont connus que par leurs rapports ; la connaissance du médiateur entre Dieu et l'homme devait donc faire connaître Dieu et l'homme. Cette connaissance du médiateur était tellement nécessaire que l'on peut affirmer hardiment que sans elle point de *vérité*, car la vérité, c'est la *connaissance des êtres et de leurs rapports*; que sans elle il n'y a point de *raison*, car la raison, c'est la *pensée conforme à la vérité*; que sans elle il n'y a point de *vertu*, car la vertu, c'est la *conformité des volontés et des actions à la raison*; que sans elle il n'y a point de *civilisation*, car la civilisation, c'est la *raison et la vertu* dans la société. Et en effet tout est compris sous ces expressions abstraites, *cause, moyen, effet*; hors de là nul *être* n'est, ni ne peut être; et si tous les états possibles de l'*être* sont compris sous ces trois expressions, *cause, moyen, effet*, les rapports des êtres entre eux sont tous compris dans cette *proportion continue* : la cause est au moyen ce que le moyen est à l'effet, ou l'effet est au moyen ce que le moyen est à la cause; ce qui veut dire que la cause agit sur le moyen pour le déterminer, comme le moyen agit sur l'effet pour le produire. On comprendra maintenant ces paroles profondes : tout était en Dieu, et le *Verbe* était en Dieu, et le *Verbe* était Dieu, tout ce qui a été fait a été fait par le Verbe, Dieu *cause*, le Verbe *moyen*, et les êtres *effets*. Que l'on nie ces principes et l'univers n'est plus qu'une grande illusion, un songe immense, une vague manifestation d'un doute infini. Mais Dieu connu, la cause trouvée, tout change, et l'univers et l'homme, *résumé de Dieu et du monde*, s'expliquent parfaitement. Mais le *Verbe*, notre mot merveilleux, puisqu'il est la raison du langage pour nous, est aussi, en tant que Verbe substantiel, la raison de l'Être infini, c'est le fond dont tout émane, le lien qui unit tout, la lumière, la vie ; de sorte que, soit que nous remontions à l'origine de la race humaine, soit que nous considérions à part chaque individu, le Verbe est véritablement, en tout sens, *la lumière qui éclaire tout homme venant en ce monde, et le souffle de vie qui anime toute intelligence.* Or, la vérité est la vie de notre intelligence, elle est en Dieu, *vérité suprême,* et la parole, le Verbe est le lien, le médiateur de la vérité entre Dieu et l'homme, et la religion qui nous unit à Dieu, en nous faisant participer à la foi et à l'amour, n'est dans ses dogmes que *Dieu même,* ou la *vérité infinie* traduite en notre langue par le *Verbe lui-même revêtu de notre nature :* les dogmes sont dans la religion ce qu'est la formule en mathématiques.

Tout-à-coup le peuple qui faisait route dans les ténèbres vit se lever la lumière; il était né un petit enfant, mais c'était le Dieu fort; le père des siècles futures, le prince de la paix; il avait clos tous les symboles, accompli toutes les figures, c'était le médiateur, le Verbe; il disait à l'homme ce qu'il avait appris dans le sein du père. Il faut lire les deux pages de la vie du Christ, l'une écrite avec du sang, l'autre avec de la gloire : un enfant du peuple qui vient au monde dans une étable ; un artisan qui manie la hache et le rabot ; un juif que les peuples de la terre repoussent et méprisent ; un séditieux battu de verges devant un peuple qui rit ; une tête de malfaiteur bonne pour le crachat et le soufflet ; un chef de bande qu'on renie et désavoue ; un criminel pendu à un gibet : voilà toute l'histoire de l'homme.

Un envoyé promis depuis quatre mille ans ; un berceau que les rois de la terre viennent adorer ; une vie entourée de merveilles et de prodiges ; une main qui commande aux sépulcres et les force à lâcher leurs proies ; des pieds qui marchent sur les flots ; une doctrine sublime et toute empreinte de vérité ; une morale qui subjugue ; un regard qui touche et change les cœurs ; une mort volontaire et toute puissante ; des sentinelles qui n'ont pu garder un mort ; un supplicié qui envahit et conquiert le monde ; une parole restée vivante et immortelle au milieu des ruines et des débris de tous les systèmes humains ; un gibet qui voit tomber devant lui tous les grands de la terre ; une existence de vérité suivie d'une existence de gloire : voilà Dieu, Jehovah, le Verbe. Les voix priantes du monde avaient été entendues par celui qui créa l'homme à son image et lui dit : « Marche en ma présence. » Le Christ est venu, tout a été accompli, et Dieu et l'homme et le médiateur, tout a été connu ; et l'homme, à qui la vérité et son être même échappaient, renaît délicieusement à l'aspect de celui qui est et par qui tout est ; les vrais rapports sont déduits, l'homme connaît Dieu, il se connaît. Ses rapports, fondés sur la nature de Dieu et de l'homme, constituent, à proprement parler, la religion ; et, comme les rapports sont invariables, il s'ensuit qu'il ne peut exister qu'une seule religion vraie ; préparons donc notre esprit à la connaître et notre cœur à l'aimer, là seulement est ce qui fait vivre et console. Comprenez, puissances de la terre, *ecce homo*, voilà Dieu et l'homme.

BIEN-ÊTRE SUR LA TERRE.

Il n'y a donc qu'une religion vraie, la force de cette religion doit s'étendre sur le monde matériel comme sur le monde moral. S'il était donc vrai qu'une société catholique fut condamnée à rester stationnaire; si le culte qu'elle professe arrêtait sa marche dans une seule des diverses carrières de la civilisation, il s'en suivrait naturellement que le catholique ne possède point cette vérité absolue que nous lui attribuons. Or, depuis les premiers jours de la réforme, les protestants d'abord, et les philosophes ensuite, n'ont cessé d'accuser la religion de nos pères, soit dans sa tendance, soit dans sa discipline, de je ne sais quelle inimitié, non-seulement pour les lumières qui sont la gloire de notre époque, mais encore pour ces biens tout matériels, dont la jouissance est si chère à la faiblesse humaine. A les entendre, l'existence des catholiques est un long martyre, martyre qui n'aurait même pas le mérite d'être volontaire, puisqu'il ne serait que l'inévitable conséquence de leur culte. Il est temps de flétrir cet insolent mensonge.

Si nous envisageons l'homme dans ses rapports avec le bien, nous trouvons en lui une tendance, par laquelle son individualité cherche directement à se conserver et à se satisfaire ; c'est en lui le principe de jouissance, et le bien vers lequel il tend prend spécialement le nom d'utile. Il y a aussi une autre tendance par laquelle l'homme cherche à réaliser le bien, non pas en tant qu'il est individuel et relatif à son *moi* propre, mais en tant qu'il est commun, universel; sous ce second rapport le bien peut recevoir le nom de juste, et la tendance qui porte l'homme vers lui est fondamentalement la charité. Cette tendance que nous appelons charité, et qui porte l'homme à réaliser le bien commun, l'universel suppose la première tendance par laquelle l'homme cherche le bien, en tant qu'il est nécessaire à la conservation de son être propre : car, pour que la charité existe dans l'individu, il faut d'abord que l'individu existe lui-même, et le besoin de jouir de tout ce qui est une condition de son existence individuelle, étant inhérent à la nature humaine, ne dépend en aucune manière de l'activité libre de la volonté. C'est une sorte d'attraction permanente qui nous porte incessamment vers le bien-être. Par conséquent, le premier acte par lequel l'homme se tourne vers le bien, en tant qu'universel, implique déjà la tendance même à la jouissance. Mais à partir de ce point primitif, la charité et la jouissance se séparent, se distinguent; par l'une, on adhère à ce qui, dans les sentiments de l'humanité, est différent des goûts individuels; tandis que par l'autre, chaque individu cherche à satisfaire ses goûts, ses inclinations particulières. Et, dès-lors, l'ordre de jouissance est relatif, variable de sa nature, et souvent opposé dans les divers individus, tandis que l'ordre de charité, pris en soi, est absolu et identique pour tous les hommes. Ainsi, l'homme possède par la charité le bien en tant qu'infini, et, par la jouissance, il l'atteint selon les limites propres de sa capacité particulière; et, de plus, la charité, dans son essence, consiste à aimer le bien de tous, lors même qu'il ne nous procure aucun plaisir actuel : en conséquence, la charité implique le sacrifice, non pas de l'individualité même, mais de la tendance de l'individualité à se constituer *centre*, et à tout subordonner à elle. Supposons l'homme soumis uniquement à l'empire de l'individualisme ; il tendra nécessairement à tenir tous ses goûts pour bons. Mais, comme l'homme existe dans la société et par la société, et qu'il doit reconnaître l'amour universel pour règle nécessaire de son activité, il doit réformer dans ses goûts ce qui se trouve en opposition avec cette loi supérieure, et sacrifier ainsi ce qu'il retiendrait légitimement, s'il n'était soumis qu'aux seules lois de son être propre. On peut dire, en quelque sorte, que la charité est la foi de l'amour, comme la science est la jouissance de l'esprit ; et que la jouissance est la science du cœur, comme la foi est la charité de l'intelligence.

On peut tomber aisément dans l'erreur à cet égard : quelle était la pensée hétérodoxe que l'église reconnut dans la lettre même de certaines formules que l'immortel Fénélon avait tracées dans son livre des *Maximes des Saints?* C'est la destruction du principe de

jouissance dans l'homme, c'est la supposition
que l'homme peut s'élever à un état où la tendance à la jouissance, l'amour individuel,
s'évanouit. Et cette erreur, à quelle autre se
liait-elle? Elle se liait au quiétisme intellectuel, qui anéantit toute opération particulière, toute activité de l'esprit, en absorbant
l'âme dans une contemplation passive. La
première détruisait le principe d'individualité dans son rapport avec le bien, et la se-
conde le détruisait dans son rapport avec le
vrai; et ces deux illusions, sœurs et com-
pagnes, dans quelle erreur plus générale
avaient-elles leur commune origine? Logiquement elles descendaient du panthéisme;
car on ne saurait concevoir que tout ce qui
paraît être une tendance individuelle, soit de
l'intelligence, soit de la volonté, puisse être
détruit, qu'autant que l'individualité elle-
même serait une simple apparence, comme
la *Maïa* des philosophes Indiens. Assurément

Mme Guyon ne songeait pas à faire de la métaphysique panthéistique, et pourtant, lorsqu'elle recommandait à ses disciples d'effacer de leur esprit, dans leurs méditations pieuses, toute idée distincte, soit des opérations divines, soit des personnes divines elles-mêmes, elle leur donnait le principe fondamental du panthéisme mystique de l'Inde. Cette idée générale est en effet la seule que le panthéisme, qui abolit toute distinction réelle, qui réduit tout à l'unité absolue, puisse permettre à l'esprit humain.

Les systèmes utilitaires de nos jours ne reconnaissent dans l'homme, relativement au bien, que la tendance à la jouissance, c'est-à-dire d'autre loi que l'intérêt propre; conséquemment, dans l'ordre du bien, l'homme n'est point en rapport avec quelque chose d'infini, attendu que l'infini en Dieu ne peut être l'objet d'aucune sensation, quelques transformations qu'elle ait subies. Donc, tous ces systèmes, qui n'admettent que l'ordre de jouissance, ont dans l'athéisme leur raison métaphysique, comme tous les systèmes qui attaquent radicalement le vrai et le beau, ne peuvent être conçus que comme des formules du panthéisme.

Suivant d'autres systèmes, l'humanité tout entière est soumise, dans ses rapports avec le bien, à l'empire successif de deux lois, de la loi de charité et de la loi de jouissance; de sorte que, dans le passé, le sacrifice a pu être le principe du progrès de l'humanité, tandis que, dans l'avenir, la loi générale de développement se réduira à l'extension des jouissances. Cette doctrine, qui suppose que l'humanité doit se développer sous l'empire, non pas de deux lois, dont l'une soit le complément de l'autre, mais de deux lois aussi contradictoires que le sont le sacrifice et l'égoïsme, est une sorte de manichéisme moral; et elle a, en effet, pour principe métaphysique, le dualisme, ou, en d'autres termes, l'égalité, la coéternité, la divinité de l'esprit et de la matière.

Il est de fait que la tendance qui concentre l'homme en lui-même, et la tendance par laquelle il adhère au bien commun universel, agissent en sens inverse l'une de l'autre, et dans une multitude de circonstances, pour accomplir le bien-être de ses semblables, l'homme est obligé de renoncer à des jouissances, à des biens qu'il aurait possédés légitimement, s'il eût été seulement placé sous l'empire de l'amour individuel. La charité et la jouissance sont donc sur la terre dans un état de lutte; de là, la nécessité d'un principe qui tend à restreindre l'ordre de jouissance, la nécessité d'une grande loi d'abstinence, d'un lien qui unisse entre eux, non-seulement les éléments divers de chaque peuple, mais tous les peuples entre eux. C'est ce principe infini de charité et de vie que contient éminemment le christianisme. On le retrouve à l'époque où la société chrétienne, renouvelant la vieille société qui se mourrait par suite de la prédominance de l'amour individuel, opposa des prodiges d'abnégation aux prodiges d'un égoïsme sans bornes. Dans ce principe aussi, on trouve la raison du régime prescrit à la nation juive, du sein de laquelle devait sortir le grand miracle de la charité. Il devait en être ainsi, puisque ce peuple se préparait à porter à toute la terre le dogme de la fraternité divine de tous les hommes. Or, il est nécessaire que ce régime de restriction existe perpétuellement dans le genre humain; oui, toujours il existera un principe d'abnégation, de renonciation, de sacrifice, car il y aura toujours des pauvres parmi nous; il y aura toujours à élever, à la participation des avantages sociaux, des classes frappées d'une sorte d'excommunication civile et politique; par conséquent cet esprit de sacrifice est lui-même la condition nécessaire du progrès du genre humain dans l'ordre de jouissance. Ce progrès ne peut en effet avoir lieu qu'autant que certains hommes qui en entraînent d'autres dans leur sphère d'activité, se dévouent personnellement à accomplir cette rédemption de la souffrance et de l'inégalité sociale; or, l'homme n'est puissant que par ses habitudes; tant qu'il n'a pas contracté l'habitude des actions nécessaires pour atteindre un certain but, il peut, dans un moment donné, agir dans un certain sens, et, dans un autre moment, dans un sens opposé. Il n'est sûr de tendre avec constance vers ce but, que lorsqu'après avoir tourné de ce côté, par de longs efforts, la pente de sa nature, il a acquis la facilité de produire les actes qui y correspondent; et, comme l'homme qui se dévoue au bien-être de ses semblables est obligé de renoncer, sous certains rapports, à ses jouissances propres, il est visible dès-

lors que ce dévouement constant, persévé-
rant, infatigable, ne sera possible que là où
aura prévalu antérieurement l'habitude du
renoncement et du sacrifice ; le sacrifice est
donc la loi fondamentale de l'amour, par
lui l'amour individuel et l'amour universel se
confondent, puisque, par le sacrifice, l'individu place son bonheur dans le service et le
bonheur des autres. Cette sphère de dévouement s'élargit à mesure que l'amour du bien
se développe, et l'on arrive ainsi, en remon-
tant de sacrifices en sacrifices, jusqu'au sacrifice suprême consommé sur la croix par
un amour infini. Là fut promulguée non-seulement la loi du salut spirituel, mais celle
aussi du salut temporel de l'humanité, en
caractères mystérieux d'abord pour elle, mais
dont elle découvre graduellement le sens
profond et illimité. Car, de même qu'il a
fallu que l'être infini revêtit la forme de
l'homme et mourut de sa mort, pour ouvrir

à cet être déchu le séjour de l'éternelle vie
et de tous les biens, de même, afin que l'humanité, autant que le comportent les conditions de la société terrestre, soit sauvée de la
misère qui pèse sur la plus grande partie des
hommes, il faut que l'opulence, ce dieu de
la terre, l'opulence qui accumule sur quelques têtes presque tous les dons du père commun, apprenne à se sacrifier aussi et à s'a-
néantir, pour élever à elle la pauvreté, pour
la relever de sa déchéance et l'introduire dans
un ordre social, reposant sur une répartition
plus fraternelle de l'héritage de ce monde.

Il existe, je le sais, un ordre d'inégalités,
supérieur aux volontés et aux conventions
humaines, et cet ordre n'est en aucun sens
arbitraire : mais il existe aussi un autre ordre
d'inégalités, constitué originairement par le
simple fait des volontés humaines, et celui-ci
est factice, variable, transitoire, en ce sens
que l'humanité, par son progrès naturel,

tend perpétuellement à faire disparaître les causes qui ont permis à ces inégalités de s'établir et de se consolider. De ces inégalités naissent de nouvelles individualités, des individualités sociales chez lesquelles prédomine l'amour individuel agrandi.

Les formes, les organismes sociaux, destinés à maintenir la concentration des jouissances dans le petit nombre, se sont produits de trois manières : 1° sous la forme qui comprend l'esclavage du plus grand nombre ; 2° sous la forme qui consiste dans la division par castes, admises inégalement à la participation des lois, et séparées l'une de l'autre par une barrière légale, infranchissable ; 3° sous le nationalisme, expression par laquelle nous désignons, non pas la division par nations, qui est réellement représentative d'une distinction naturelle, mais l'égoïsme national qui pousse un peuple à constituer les autres, à son égard, dans l'ordre des relations qui existent, soit entre l'esclave et le maître, soit entre les castes inférieures et les castes supérieures.

En même temps que l'amour individuel tend à former et à maintenir des états de société qui reposent sur le monopole, la charité, qui agit en sens inverse, s'efforce de son côté de substituer à cette centralisation de jouissances une répartition de moins en moins inégale. A certains égards cependant, ces organismes sociaux ont eu leur raison, leur nécessité; mais cette nécessité était purement relative et dès-lors passagère. Ils ont eu leur nécessité, disons-nous, car bien qu'ils impliquent originairement la prédominance du principe de jouissance ou de l'égoïsme sur le principe de charité, et par suite un abus de la force, chacun de ses organismes présente le type, l'idée du but, vers lequel la société doit tendre; c'est un essai partiel d'égalité, et de plus en plus les notions des droits et des devoirs se développent dans l'esprit humain, de sorte que les autres classes, croissant en intelligence et en force, doivent tendre à s'élever aussi dans la participation aux avantages sociaux ; et, lorsque le moment marqué par la Providence est arrivé, l'heure sonne où l'organisme social, sous lequel s'est opéré le développement, doit faire place à un organisme plus large ou moins exclusif. Cette dissolution s'opère par le concours de l'amour individuel lui-même, qui, en se développant dans les classes inférieures, lutte avec une énergie toujours croissante contre les limites qui l'emprisonnent.

Le christianisme introduisit dans le monde l'idée de l'association universelle, de l'organisation du genre humain sur le plan de la famille. Il en donna au monde plus que l'idée, il lui en donna la foi. Aussi, dès l'origine, ses maximes attaquèrent radicalement soit l'esclavage, soit la division par castes, soit le nationalisme. *Le Christ nous a affranchis,* telle fut la charte de l'humanité contre l'esclavage. *Que celui qui est le plus grand d'entre vous se fasse le plus petit, et que celui qui est le premier soit comme le serviteur des autres.* Tel fut le principe qui, en se développant dans le cours des âges, a lutté perpétuellement contre les priviléges exclusifs. *Il n'y aura qu'un troupeau et qu'un pasteur;* ce mot contient en germe l'abolition du nationalisme. Si partout où le christianisme a pénétré, l'esclavage antique a reculé devant lui, comme les animaux sauvages reculent devant les conquêtes de l'homme, la raison de ce fait se trouve non-seulement dans le caractère de la loi morale proclamée par le christianisme, mais aussi dans les profondeurs de ses dogmes avec lesquelles la loi morale est si étroitement liée, puisqu'elle n'est, pour ainsi parler, que *l'activité même du dogme,* rayonnant dans le cercle des devoirs de l'homme. La rédemption de l'humanité par le Christ est, dans son essence, l'affranchissement de ce dur despotisme spirituel que le *prince* du mal, chez lequel l'égoïsme prédomine exclusivement, s'efforce de faire peser sur l'humanité déchue. Mais cet affranchissement spirituel renfermait, comme conséquence, la destruction de l'esclavage de l'homme par l'homme, car il ne lui était imposé qu'en vertu de ce même égoïsme qui prédomine en Satan; toute servitude est une parodie de l'enfer. Espérons que l'esclavage disparaîtra bientôt partout avec la traite des Nègres : on connaît le bref de Sa Sainteté Grégoire XVI à ce sujet. Qu'est-ce qu'abolir l'esclavage? C'est rendre à tous les hommes les droits civils, et, par suite, abolir le monopole des droits politiques, car ces derniers ne sont que le complément des droits civils. En opérant dans le cours des âges l'abolition graduelle de l'esclavage, des castes, du nationalisme, le chris--

tianisme tend à établir l'harmonie du principe de charité et du principe de jouissance; lui seul peut le réaliser complètement, parce qu'il possède seul l'esprit de sacrifice. On a méconnu, sous ce point de vue, l'influence et le but terrestre du christianisme, parce qu'au lieu de le considérer dans son ensemble, on n'a envisagé qu'un de ses éléments. On a cru que, parce qu'il prêche l'expiation, l'abnégation, la pénitence, il s'oppose au progrès d'un peuple et du genre humain lui-même dans l'ordre de jouissance. Mais quel est son dogme fondamental? C'est que l'homme est déchu de son état primitif, et qu'il est en même temps sous l'empire d'une loi de réparation. Quel était cet état primitif? Un état d'innocence et de bonheur, et par conséquent un état où l'amour universel et l'amour individuel, la charité et la jouissance, se combinaient harmoniquement. Sous l'empire de la loi de réparation, l'homme tend à remonter vers l'état d'où il est déchu ; cette régénération n'existera parfaitement que là où la mort n'étendra plus son empire ; mais, toutefois, dans les limites de sa carrière mortelle, le genre humain doit s'en rapprocher sans cesse. Or, à mesure que l'homme participe aux fruits de la rédemption, à mesure qu'il s'unit de plus en plus à Dieu par la foi et l'amour, ses passions et ses vices diminuent dans la même proportion. Le progrès moral entraîne donc, comme conséquence nécessaire, un progrès correspondant dans l'ordre de l'utile, ou de jouissance ; et l'amélioration de la condition des pauvres elle-même, d'où dépend-elle ? Elle dépend du développement du principe de charité. Donc, si le genre humain se rapprochait de plus en plus de cet état de société, dont quatre versets de S. Luc nous ont révélé l'existence, il serait heureux sur cette terre autant qu'il pourrait l'être. Voici ce que dit saint Luc sur la société obscure constituée dans l'étroite enceinte de Jérusalem : *Il n'y avait point de pauvres parmi eux*. L'égoïsme, le paupérisme, l'infanticide, la dureté du maître, la misère, l'ignorance, l'abrutissement et le vol, voilà ce que nous voyons dans la société actuelle ; et si l'Europe industrielle jouit encore de quelque prospérité, elle le doit à un reste de christianisme. Mais un jour se prépare où l'aristocratie financière, qui a tout confisqué à son profit, payera cher son bonheur éphémère, si la foi ne vient au secours de l'incrédulité, si la charité catholique ne détrône l'égoïsme industriel. Car le bien-être matériel et la jouissance de la vie animale, au lieu d'être le fruit et comme le surcroît de la vérité et des vertus sociales, ne sont que le terme, l'unique terme de l'insatiable et dévorante cupidité de ces *fermiers* généraux d'une civilisation abâtardie. Malheur donc aux maîtres de cette civilisation sans Dieu, et par conséquent sans charité pour l'homme.

Le catholicisme seul donne à une nation une prospérité matérielle véritable, parce qu'il fait plus pour le pauvre que pour le riche; parce que l'égoïsme et l'intérêt privé, loin d'être son but, sont, de sa part, l'objet d'une haine et d'une lutte persévérantes, parce qu'enfin son action régénératrice s'accomplit toujours en faveur de ce qu'il y a de plus calamiteux, de plus souffrant, de plus délaissé dans le monde. Le triomphe du catholicisme sur le monde moral, s'il se réalisait jamais, donnerait à la prospérité temporelle son plus haut degré de splendeur; parce que, ne faisant de l'univers tout entier qu'une grande famille riche de sa foi, de sa science, de sa gloire, de sa liberté et de son amour, l'*arbre de vie* humaine porterait tous les fruits qu'il peut donner; et, s'avançant vers une félicité éternelle, l'humanité jouirait, sans danger et sans égoïsme, d'un bonheur terrestre aussi complet qu'il peut le devenir, sans briser la

loi d'un développement progressif vers les espérances d'un autre monde et d'une autre
vie. Que l'univers se prosterne aux pieds de
la croix; que Jésus-Christ règne sur l'humanité soumise, et tous les genres de prospérité,
même matérielle, lui seront donnés, *et hæc
omnia adjicientur : fiat, fiat.* Qu'est donc ce
christianisme dont nous attendons avec confiance la solution des problèmes humanitaires?
Est-ce un beau poëme fait pour exalter dans
nos cœurs la faculté d'aimer? Est-ce une
science certaine appelée à résoudre tout ce
qui regarde le monde? Est-ce une institution
divine propre à servir de base à toutes les
institutions? C'est tout cela à la fois, car il
renferme en lui le *beau*, le *vrai* et l'*utile*.
C'est pourquoi il lutte et il luttera toujours
contre les bourgeois sans cœur et les philosophes sans frein. Les premiers ne voient la
richesse publique que dans l'antagonisme des
intérêts individuels, c'est l'égoïsme tout pur;

les seconds, dans leurs divagations morales, prétendent substituer la plus révoltante promiscuité aux vertus austères sur lesquelles repose la constitution de la famille. Aux uns la religion oppose le principe de charité; aux autres elle présente Jésus et Marie, comme types célestes de principes éminemment sociaux.

DE LA LIBERTÉ.

Les dogmes du catholicisme nous enseignent que la grâce du divin Rédempteur est le secours puissant, nécessaire, qui nous aide à nous affranchir de l'esclavage des biens visibles; ils nous enseignent que la grâce de Jésus-Christ est le secours divin par lequel le libre arbitre se tire de la servitude de l'erreur et du mal pour vivre de la vie de Dieu. Mais si tel est l'effet de la grâce du divin Rédempteur, et ce dogme ne pourrait périr dans le conscience humaine, sans qu'au même moment la chaîne entière de la vérité ne fût détruite ; Jésus-Christ et Jésus-Christ seul doit être regardé comme le divin restaurateur de la liberté de l'homme ; et c'est là le sens profond de ces paroles de saint Paul : *Quâ libertate Christus nos liberavit.... in libertatem vocati estis.*

Nous allons établir que le catholicisme est vraiment et qu'il est seul le principe générateur de la vraie liberté.

La liberté, conçue dans sa notion la plus générale, est l'*affranchissement des obstacles qui empêchent l'être intelligent d'atteindre sa fin.*

Les dogmes catholiques enseignent que l'homme naît esclave du péché, c'est-à-dire asservi au corps, aux choses périssables du temps, et que, sans un secours divin appelé grâce, il est dans une impuissance absolue de reconquérir la loi de son développement en

Dieu. Cette grâce, au moyen de laquelle le libre arbitre peut s'arracher à la tyrannie du mal pour s'unir au bien suprême, est le fruit de la rédemption de Jésus-Christ. Donc point d'exercice possible de la liberté pour l'homme déchu, sans la grâce de Jésus-Christ. Et telle est la notion précise de la liberté dans l'homme : plus l'homme s'affranchit de l'esclavage de la chair, du monde, du créé en un mot, et plus il s'unit au bien infini ou à Dieu, plus il devient libre.

La liberté, dans la famille, consiste à faire prévaloir les lois de l'intelligence, de la vie morale, sur celles des sensations ou des jouissances matérielles. Plus la famille s'éloigne de la promiscuité, de la polygamie, du divorce, de l'adultère, des amours dépravés, et plus elle se rapproche de la sainteté du mariage catholique, dont la perfection consiste à soumettre pleinement l'ordre des sensations à l'ordre éternel, et à prendre, pour

type de l'union conjugale, l'union mystique,
spirituelle et divine de Jésus - Christ avec
l'église, plus la liberté de la famille se développe.

La liberté sociale, dans le sanctuaire do-
mestique, acquiert son plus haut degré d'é-
lévation, quand l'amour sensuel se trouve
soumis, autant qu'il peut l'être dans des êtres
organisés, aux lois éternelles de l'amour supérieur des intelligences. La polygamie, le
divorce, l'adultère, ne produisent dans le
mariage que la tyrannie et la servitude ; le
mariage catholique réalise seul la liberté, et
la liberté des personnes sociales croît à raison
de la sainteté et de la spiritualité de leurs
rapports.

La liberté, dans la cité et dans l'état, n'est
aussi que l'affranchissement des obstacles qui
empêchent la cité et l'état de se développer
dans le vrai et dans le bien, dont le type infini est Dieu seul, et dont la loi éternelle de

justice est la règle. Plus la cité et l'état s'éloi-
gnent de l'individualisme, plus ils s'élèvent
au-dessus des jouissances matérielles, pour se
rapprocher sous l'empire des lois divines, de
l'amour spirituel, de la société des intelligences, plus la vraie liberté se développe et
croît en eux. Et la liberté de la cité et de l'é-
tat serait complète, autant du moins qu'elle
peut l'être ici-bas, si chaque membre de la
cité et de l'état jouissait sans obstacles du
droit de se développer, et se développait en
effet dans le vrai et dans le bien, selon les
lois divines. Ainsi tout ce qui arrête ou comprime ce développement dans l'état est un
désordre, par conséquent une atteinte à la
liberté sociale. Ainsi toute volonté arbitraire
est un despotisme, et toute soumission aveugle à cette volonté une servitude. Donc il n'y
a de liberté véritable dans la famille, dans la
cité, dans l'état et dans l'homme lui-même,
que par le catholicisme, qui peut seul faire

régner la loi de vérité et de justice dans l'homme qui commande et dans l'homme qui obéit. Et si le genre humain lui-même était pleinement soumis aux lois spirituelles du catholicisme, il jouirait, sous son influence, de la plus grande somme de liberté à laquelle il puisse prétendre ici-bas. Telle est la notion catholique de la vraie liberté.

Quand on traite de la liberté humaine, on ne doit pas perdre de vue le désordre immense que la chute du premier homme a introduit dans la société tout entière. Ce désordre a été tel que, sans un secours divin, jamais le libre arbitre de l'homme déchu ne se fût affranchi lui-même de l'amour aveugle des choses créées.

Avant comme après la venue de Jésus-Christ, il n'y eut d'exercice possible et réalisé de la liberté véritable que par la grâce du divin restaurateur de la liberté. La foi catholique nous enseigne que le salut ou l'affranchissement de la loi du péché, pour se développer en Dieu, par l'intelligence, par l'amour et par la liberté, a toujours été possible avant comme après Jésus-Christ, parce que la grâce de Jésus-Christ, connue *explicitement* ou *implicitement*, n'a jamais été refusée à un seul homme sur cette terre d'épreuve. Ainsi l'exercice de la liberté a été possible partout et toujours. Mais comme, pendant toute la période qui s'écoule depuis la chute de l'homme jusqu'à la venue du divin régénérateur, il n'y eut que connaissance et qu'amour incomplets de la grâce de Jésus-Christ, il n'y eut non plus qu'une liberté d'enfance, qu'un affranchissement incomplet de l'esclavage. Aussi voit-on la polygamie, le divorce, le meurtre ou l'exposition des enfants, porter la honte, le despotisme et la servitude dans les familles. L'égoïsme enfanta les législations et les religions nationales; l'homme de la cité n'aima que soi et son farouche amour de la patrie ne fut encore que la réalisation de l'égoïsme. L'enfant, la femme, l'esclave, à dater de l'affaiblissement des antiques traditions, furent presque toujours exploités par la violence et par la tyrannie d'un maître impitoyable.

La liberté, dans les républiques grecques et romaines, ne fut qu'un mot. Ces sociétés tant vantées ne réalisèrent qu'une immense tyrannie, qu'une aveugle servitude; et il faut plaindre ces parleurs de liberté qui osent, à la face de la liberté conquise sur le Calvaire, murmurer le nom de liberté grecque et romaine, de la liberté païenne ou barbare. Jésus-Christ, en proclamant la victoire de l'esprit sur la chair, et en appelant l'homme à s'unir, par un progrès sans fin, au bien suprême ou à Dieu, est venu apporter au monde la vraie liberté. Donc Jésus-Christ est le restaurateur divin de la vraie liberté. Aussi, partout où le catholicisme a pénétré, l'esclavage a été ou sera aboli. Le serf, au moyen âge, fut placé sous la tutelle de l'église et protégé par elle, contre les caprices de la féodalité imprégnée encore de barbarie. L'effort de tant d'hommes illustres qui s'étaient inspirés par la religion pour civiliser l'Europe et pour soumettre les rois et les peuples à une loi de vérité, de justice, fut un combat sublime en faveur de la liberté du monde. Le catholicisme fonda le droit de gens, qui n'est que le droit de vivre libre dans ses croyances et dans ses mœurs même après la conquête. Ainsi, depuis dix-huit siècles, le catholicisme travaille à restaurer la liberté du monde, c'est-à-dire à affranchir l'humanité de la servitude, de la force brutale, régnant partout où il ne pénètre pas. La notion et le sentiment de la liberté étant plus complets chez les nations catholiques que chez les nations idolâtres, protestantes ou chismatiques, elles doivent aspirer avec plus d'ardeur à la conquête et à la possession de la vraie liberté. C'est aussi ce que prouve l'état présent du monde ; l'Asie, l'Afrique, toutes les régions de la terre que le christianisme n'a pas régénérées, subissent partout le joug honteux de la force, la tyrannie et l'esclavage, tous les désordres de l'homme sauvage et barbare. L'Europe, les Etats-Unis, voilà sans aucun doute les contrées de l'univers où est plus vif, plus fort, plus profondément senti, le besoin de la liberté morale, sociale, civile et politique. Les peuples protestants ou chismatiques sont, de tous les peuples de l'Europe, ceux qui subissent le plus aisément le joug de la force. Les Etats-Unis d'Amérique, la France, l'Espagne, l'Italie, l'Irlande, la Pologne, la Belgique, sont, de toutes les nations de la terre, celles qui souffrent le plus de la tyrannie morale, sociale et politique, parce que le catholicisme, plus vivant en elles, y a développé davantage le besoin du règne de Dieu sur l'homme régénéré par la grâce. Et toute tentative pour replacer, sous le joug de l'homme seul, les nations qui, sous le règne du catholicisme, ont goûté le don céleste de la vraie liberté, ne sèmera que des tempêtes, ne produira que des révolutions. Plus le catholicisme fera de progrès au sein d'une nation, plus cette nation aimera la liberté véritable, c'est-à-dire le droit de vivre sous l'empire de la seule législation que les caprices de l'homme ne sauraient ni altérer, ni détruire. Donc, quiconque travaille à étendre le catholicisme, travaille pour la liberté ; en sorte que les plus ardents ennemis de la liberté sont ceux qui veulent mettre la force à la place de la justice immuable, dont le catholicisme et le catholicisme seul est la source, la règle et l'immortel gardien. Le libéralisme de nos jours n'est qu'un sentiment corrompu du besoin d'une législation placée hors des atteintes, des intérêts et des passions de la force brutale. La haine du règne de la force n'est non plus que l'instinct de la justice et du droit ; mais le libéralisme est dans une éternelle impuissance de définir le droit, et il est plus impuissant encore à réaliser une législation qui ne soit pas un produit radical et nécessaire de la force et de la force seule.

Le royalisme absolu, qui cherche son principe et les conditions de son existence en dehors de la loi divine, est dans une égale impuissance de réaliser autre chose que le despotisme et la servitude. En un mot, point de liberté là où l'homme seul commande ; or, il commande seul dans la monarchie absolue, là le droit divin n'est qu'un mot, là l'homme seul est pouvoir. On se souvient du grand roi qui disait : *L'état, c'est moi ;* on se souvient d'un de ses officiers qui disait : *S'il m'ordonnait de tirer sur le saint sacrement, je tirerais.* Ce droit divin n'était donc qu'une chimère, la légitimité est en Dieu et vient de

Dieu, je n'en connais point d'autre ni dans le ciel, ni sur la terre.

Je n'aime pas davantage le gouvernement républicain, tel que le comprend le faux libéralisme, car là aussi l'homme commande seul ; donc je ne reconnais point de souveraineté du peuple, je ne reconnais que la souveraineté de Dieu. Sous cette souveraineté, le pouvoir un ou collectif ne fait jamais qu'obéir : *Voulez-vous être le plus grand, soyez le serviteur des autres.* Le pouvoir sujet de la loi divine, tutrice de tous les intérêts, ne peut rien contre elle, il ne peut quelque chose que par elle ; donc il n'y a de liberté sociale, civile et politique, que par la loi divine, charte immuable des droits et des devoirs. Le règne complet de la religion exhausserait par conséquent, au degré le plus voisin possible de la société spirituelle, la liberté de l'homme. Il est donc démontré que le catholicisme est le principe générateur de la vraie liberté, et nous défions qui que ce soit d'établir la contradictoire de cette proposition, à moins qu'on ne prouve, ce qu'on ne fera jamais, que le panthéisme, que le sensualisme et le scepticisme, où est conduite nécessairement toute intelligence qui abjure la foi catholique, peuvent engendrer et engendrent de fait une liberté réelle supérieure, ou au moins égale à la liberté conquise à l'homme par Jésus-Christ.

DE LA PEINE DE MORT.

M. Pons (de l'Hérault) vient de présenter à la chambre une pétition pour l'abolition de la peine de mort. En maintenant la peine de mort, dit-il, la société fait une horrible faute de logique, car elle donne à des juges, qui ne sont pas infaillibles, le droit de prononcer une peine qui est irréparable.

En maintenant la peine de mort, la société fait acte d'impiété, car elle tue le repentir et empêche l'expiation.

En maintenant la peine de mort, la société fait souvent acte d'injustice, car souvent elle punit les malheureux qu'elle frappe, de la misère où elle a laissé leur cœur se corrompre et leurs facultés s'éteindre, de l'éducation morale qu'elle leur devait et qu'elle ne leur a point donnée.

Quand on pose en principe le matérialisme, ce que ne fait pourtant pas M. Pons (de l'Hérault); quand on en est venu à conclure que nous sommes en même temps et notre cause et notre effet; nécessairement la logique conduit à dire que la peine de mort est un acte d'injustice, un acte digne de l'exécration publique. Aussi plus on s'éloigne de la religion, plus on tend à abolir cette peine; moins on espère en Dieu, plus on redoute le néant.

Depuis long-temps on envisage les questions en dehors des idées religieuses ; et c'est pourtant là que s'en trouve la solution la plus directe, la plus péremptoire, ainsi que les véritables principes du droit de punir. Cependant quelques écrivains philosophes, publicistes ou législateurs, ont pensé que les questions de sociabilité étaient aussi des questions religieuses et morales, et de là leurs efforts pour étayer leur théorie de quelques notions religieuses, plus ou moins bien comprises, et au nom de ce qu'il y a de plus divin dans l'univers, ils édifient des systèmes que leur esprit seul a conçus et déifiés.

Oui, la vie dans l'homme est chose sainte ; personne, sur la terre, n'a le droit d'en priver son frère, dans son propre intérêt ou dans tout autre intérêt humain ; nous savons de plus qu'il est écrit : *Tu ne tueras point.* Cette défense générale, dit Pascal dans sa xve lettre provinciale, ôte aux hommes tout pouvoir sur la vie des hommes ; et Dieu se l'est tellement réservé à lui seul, que, selon la vérité chrétienne opposée en cela aux fausses maximes du paganisme, l'homme n'a pas même pouvoir sur sa propre vie. Mais, parce qu'il a plu à sa providence de conserver les sociétés des hommes et de punir les méchants qui les troublent, il a établi lui-même des lois pour ôter la vie aux criminels, et ainsi ces meurtres qui seraient des attentats punissables sans son ordre, deviennent des punitions louables par son ordre, hors duquel il n'y a rien que d'injuste.

C'est ce que saint Augustin a représenté admirablement au livre 1er de la cité de Dieu, chapitre XXI : « Dieu lui-même, dit-il, a fait quelques exceptions à cette défense générale de tuer, soit par les lois qu'il a établies pour faire mourir les criminels, soit par les ordres particuliers qu'il a donnés quelquefois pour faire mourir, et quand on tue, en ces cas-là, ce n'est pas l'homme qui tue, mais Dieu, dont l'homme n'est que l'instrument, comme une épée dans les mains de celui qui s'en sert : mais·si on excepte ces cas, quiconque tue se rend coupable d'homicide. »

Il est donc certain que Dieu seul a le droit d'ôter la vie ; et que, néanmoins, Dieu ayant établi des lois pour faire mourir les criminels, il a rendu les rois ou les républiques dépositaires de ce pouvoir ; c'est ce que saint Paul nous apprend, lorsque, parlant du droit que les souverains ont de faire mourir les hommes, il le fait descendre du ciel en disant, *que ce n'est pas en vain qu'ils portent l'épée, parce qu'ils sont ministres de Dieu pour exécuter ses vengeances contre les coupables.* Donc, alors même que le nombre des crimes diminuerait dans une proportion très-sensible, et encore, bien que la peine de mort pût être réservée pour un petit nombre de crimes très-graves, tant qu'il y aura sur la terre des assassins et des parricides, la peine de mort doit demeurer. Et quand bien même faute de crimes, eh! le temps du crime passera-t-il jamais! l'exercice du droit de punir semblerait être périmé entre les mains du pouvoir, il faudrait que cette peine restât comme une formidable menace et la sanction solennelle de la parole de celui qui a dit : *Tu ne tueras point.* Nous pensons ainsi avec saint Paul, saint Augustin, Pascal, quoiqu'en dise M. de Lamartine, qui prétend que la justice sociale a été, en quelque sorte, abolie par la *charité*, que Dieu s'est réservé le soin de toute vengeance et de toute expiation, *depuis qu'un juste a pardonné à ses bourreaux du haut d'une croix.*

Le droit de punir se rattache à l'une des grandes lois de l'ordre moral, à *l'expiation*, l'expiation est la base fondamentale et nécessaire de la justice pénale. Si l'accomplissement de cette loi n'était pas obligatoire et inévitable pour les sociétés humaines, la justice pénale ne serait qu'un odieux abus de la force, et l'illégitimité en serait flagrante. M. de Lamartine, M. Pons (de l'Hérault), rejettent l'expiation dans ses rapports avec l'ordre social, ils la relèguent dans l'ordre purement religieux et surnaturel. L'expiation, il est vrai, peut et doit être considérée sous deux rapports principaux : relativement aux hommes pris individuellement, et relativement à la société. Mais, quel que soit l'aspect sous lequel on l'envisage, elle est toujours destinée à ramener dans l'homme, dans la société et dans le monde moral, l'ordre et l'harmonie que le mal y a troublés. Ne pas reconnaître que l'expiation est non-seulement un principe vital et organique pour l'homme, mais encore une loi de régénération et de conservation pour la société ; ne pas reconnaître qu'elle lutte incessamment contre la chair pour spiritualiser l'humanité, pour l'arrêter sur le penchant de l'abîme qui conduit à la dégradation et à l'état sauvage, c'est nier l'histoire et les traditions universelles des peuples, c'est nier le christianisme et l'homme, et la société ; car tous la proclament le salut du monde social, aussi bien que de l'homme, et tous ont en elle une invincible foi.

La pénalité est donc une des branches de l'expiation en général, et plus spécialement de l'expiation qui a lieu dans l'intérêt, la conservation de la société, et qu'à cause de cela même on pourrait appeler *expiation sociale*. La société qui ne peut se soustraire à l'accomplissement de cette loi, parce que tout s'accomplit pour elle dans le monde du temps, déverse avec justice, sur les coupables, la partie de l'expiation dont leurs crimes ont rendu l'accomplissement nécessaire. Hors de cette grande vérité religieuse et sociale, la légitimité de la justice pénale échappe ou disparaît. L'intérêt individuel, l'intérêt même de tous, ne me paraît pas suffisant pour cons-

tituer la légitimité d'un droit aussi exhorbi-
tant, si une loi morale, obligatoire antérieurement à toutes les conventions et restrictions
humaines, n'en était la source et le principe.
Comment l'homme, qui n'a envers son semblable que le droit légitime, mais très-instan-
tané de la défense, aurait-il pu déléguer à la
société un pouvoir qu'il n'a pas? Aussi, en
dehors de cette grande loi, ceux qui ont
voulu établir la légitimité du droit de punir,
n'ont jamais pu donner à la société satisfac-
tion entière sur ce point. Souvent même ils
ont fini par nier ce droit, ou au moins par le
défigurer, en le transformant en une sorte de
droit défensif ou répressif qui ne se rattache
à aucune loi morale, qui n'est basé que sur
l'intérêt matériel, et qui ne satisfait pas plus
les lois de la logique que les besoins de la
société.

De ce que l'expiation est une loi sociale en
même temps que morale, de ce que la con-

servation de l'ordre social est intimement lié à l'accomplissement de cette loi, il s'ensuit que la société a véritablement le droit de la faire accomplir. En effet, Dieu qui a certainement pourvu à tout, en créant l'homme et en réglant les destinées de l'humanité, a nécessairement voulu que ce moyen vivifiant et conservateur fût employé par la société, puisqu'il est nécessaire à sa conservation, et que, par conséquent, il a ainsi légitimé le droit de punir; mais la société, dira-t-on, ne pourrait-elle pas se contenter d'une expiation qui, à ses yeux, serait suffisante, et sous quelques rapports plus efficace, d'autant plus que la raison humaine n'aperçoit pas de corrélation nécessaire entre le crime, même très-grave, et la peine de mort? Nul autre que Dieu n'a le droit de contraindre les volontés rebelles, de briser le coupable par le châtiment, et d'arracher à l'homme la vie et la liberté qu'il lui a données; l'origine de ce pouvoir est donc divine. Dieu lui-même a armé la société du glaive de la justice, et quand on reconnaît à la société le droit de punir, on ne peut logiquement s'arrêter qu'à ce point; donc Dieu a délégué ici-bas une portion du pouvoir formidable par lequel il frappe et il renverse; donc la société peut et doit, quand il est nécessaire, exécuter les ordres de Dieu. D'ailleurs je ne vois pas de quel droit on enfouirait la liberté de l'homme, cet autre don de Dieu, cette faculté inviolable et sacrée, dans les bagnes, dans les prisons coloniales, dans les *pénitenciers,* où que ce soit enfin.

La société tue donc : c'est une vengeance, dit-on, et c'est Dieu alors qui se venge! Oui, la société donne la mort, à Dieu appartient le reste; et, par cette mort, la justice de Dieu peut être satisfaite; le coupable, après cette expiation qu'il devait à Dieu et au monde, va peut-être jouir de la félicité éternelle. C'est ainsi que nous qui croyons à la vie future, résolvons la difficulté : voilà comment la mort ne nous paraît pas si épouvantable. Après la mort la vie, c'est notre espérance : espérance qui s'évanouit quand, après la mort, on ne voit que le néant ; cela explique pourquoi, dans les sociétés matérialistes, on devient si doux, si humain pour les criminels. Moins on espère, plus la mort épouvante. J'ajouterai pour qu'on ne se méprenne pas sur le sens que j'attache à la peine de mort, que quelquefois, et cela s'est vu dans l'histoire des peuples, un principe tout humain, un principe de sang et d'extermination, s'est mis à la place du principe divin ; ce n'était plus alors la loi conservatrice de l'expiation qui s'accomplissait par la pénalité. Ce sang qui coulait à flots contre les prescriptions de la loi divine, était un abus énorme qui appelait de nouvelles calamités sociales. Je dirai de plus, qu'en matière politique, tout milite en faveur de l'abolition de la peine de mort, depuis surtout que la succession, si rapide et si variée des révolutions, a ôté aux crimes de cette espèce une partie de leur immoralité. Les travaux forcés eux-mêmes sont employés avec trop de prodigalité comme condamnation temporaire ; cette peine ne devrait être que rarement prononcée, jamais peut-être.

La raison de ce peut-être, c'est qu'au bagne l'esprit général est essentiellement pervers, obscène et corrompu ; s'il arrive qu'un condamné ait des remords dans son âme, il doit les étouffer ; des larmes dans ses yeux, il doit les sécher ; des prières dans son cœur, il doit les oublier.... sinon il prête à rire, on le raille, on le hue ; il est en butte aux sales épigrammes et à la brutalité de tous les galériens. Aussi, après un an de bagne, plus de remords, plus de larmes, plus de prières. On est corrompu, on blasphème avec ses compagnons. Dans les courtes heures de loisir, lorsqu'on cause au soleil, chacun raconte ses aventures, ses exploits, ses procès; on applaudit au plus habile ou au plus dépravé; on instruit le plus inexpérimenté; il apprend toutes les ressources, tous les secrets du métier, jusqu'à la fabrication des instruments nécessaires au vol, jusqu'à la langue sacramentelle du crime. Ces leçons ignobles se gravent dans sa mémoire; ces idées perverses germent dans son âme; il s'habitue à la vie qu'il mène, et quand cette épouvantable éducation est finie, le jour de la libération est arrivé. Ce jour-là, sort du bagne un homme profondément corrompu, profondément habile dans l'art du vol, un homme blasé sur les émotions de l'assassinat, un homme qui ne craint plus les galères.... et l'on dit que l'œuvre de la justice est accomplie! De plus, dès qu'un homme est entré dans le bagne, on l'accouple avec un autre forçat comme une bête de somme, on le frappe s'il n'obéit pas, on l'abrutit, on éteint tout sentiment dans son âme, on lui fait oublier qu'il est homme; si bien que, pour cet homme machine, toutes paroles morales seraient des paroles perdues. C'est par des moyens matériels qu'on lutte contre cette démoralisation qui augmente à force de mépris et de mauvais traitements. Où est donc la charité et le sang du Christ qui coula pour les coupables?

FIN.

TABLE DES MATIÈRES.

———